U0242598

中国蜜蜂资源与利用丛书

蜜蜂文化

The Culture of the Honey Bee

韩 宾 程 茜 编著

中原农民出版社
· 郑州 ·

图书在版编目（CIP）数据

蜜蜂文化 / 韩宾，程茜编著 . —郑州：中原农民出版社，2018. 9
（中国蜜蜂资源与利用丛书）
ISBN 978-7-5542-1998-0

Ⅰ . ①蜜… Ⅱ . ①韩… ②程… Ⅲ . ①蜜蜂饲养 - 文化史 - 中国 Ⅳ . ① S894-092

中国版本图书馆 CIP 数据核字（2018）第 191979 号

蜜蜂文化

出 版 人　刘宏伟
总 编 审　汪大凯

策划编辑　朱相师
责任编辑　彤　冰
责任校对　李秋娟
装帧设计　薛　莲

出版发行　中原出版传媒集团　中原农民出版社
（郑州市经五路66号　邮编：450002）
电　　话　0371-65788655
制　　作　河南海燕彩色制作有限公司
印　　刷　北京汇林印务有限公司
开　　本　710mm×1010mm　1/16
印　　张　16.75
字　　数　183千字
版　　次　2018年12月第1版
印　　次　2018年12月第1次印刷

书　　号　978-7-5542-1998-0
定　　价　128.00元

中国蜜蜂资源与利用丛书
编委会

本书作者

韩　宾　程　茜

前　言

Introduction

迄今为止，人们在地球上已经发现了一万六千多种蜜蜂，其分布遍及除南极洲外的世界各个角落。蜜蜂是大自然造物主的杰作，在亿万年的进化过程中，蜜蜂与植物之间形成了互惠互利的关系，推动了显花植物的繁荣，创造出一个五彩斑斓的世界。在人类社会的文明进程中也镌刻着蜜蜂勤劳的身影，蜜蜂对农业的发展和农作物品种的延续发挥了无可替代的作用，为人类提供了丰富的食物和蜂产品。人类在认识蜜蜂、饲养蜜蜂、研究蜜蜂和利用蜜蜂产品的过程中，形成了丰富多彩的蜜蜂文化。蜜蜂文化渗透到人们的衣、食、住、行及文学艺术、宗教、民俗、医药等各个领域，构成了世界文明中不可替代的组成部分。

蜜蜂在各国文化中，都是勤劳、坚韧、团结、奉献、智慧、勇敢……的代名词。人类之所以不吝用各种美好的词汇来赞美这种可爱的生灵，是因为，蜜蜂在蜜蜂社会中所表现出来的品质甚至可以称为人类所追求的一种理想状态。蜜蜂的身量之小与它蕴含的能量之大形成了鲜明的对比。我们对蜜蜂了解得越多，就越会情不自禁地爱上它、赞美它。

然而，近20年来，由于环境破坏、农药滥用、病虫侵害等原因蜜蜂的数量在急剧减少，这一现象引起了全世界对蜜蜂生存状态的广泛关注。本书的编写是从蜜蜂与人类的关系、蜜蜂与人类文化的角度来介绍蜜蜂，从而希望人们更加了解蜜蜂、爱护蜜蜂，实现人类与蜜蜂和谐共处的美好局面。

本书的编写得到国家现代蜂产业技术体系（CARS-44-KXJ14）和中国农业科学院科技创新工程项目（CAAS-ASTIP-2015-IAR）的大力支持。

在本书的编写过程中，作者参阅了大量国内外专著，在这里对所引资料、图片的作者致以诚挚的感谢。对未能取得联系的图片、文字的责任人特此致歉，方便时请与作者联系，以便及时支付相应报酬。

编者

2018年6月

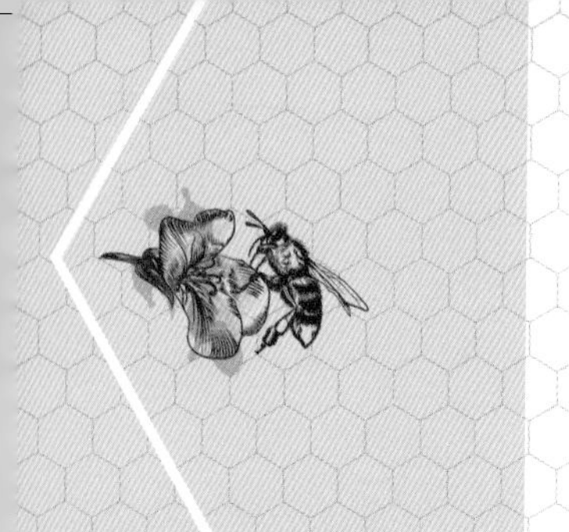
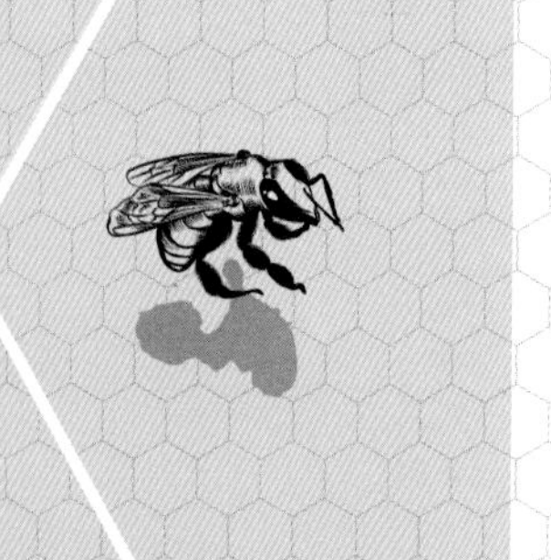

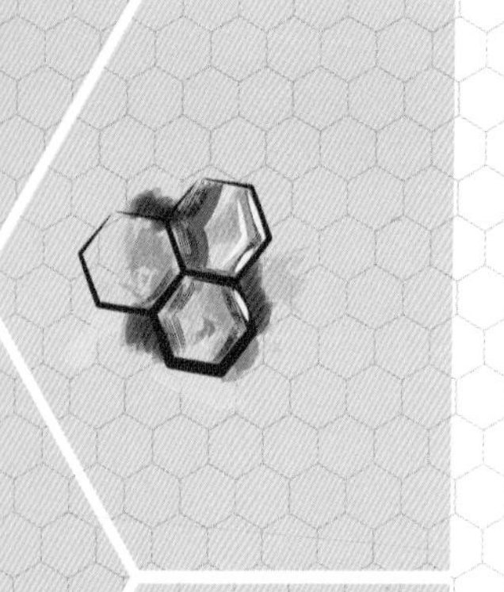

目　录

Contents

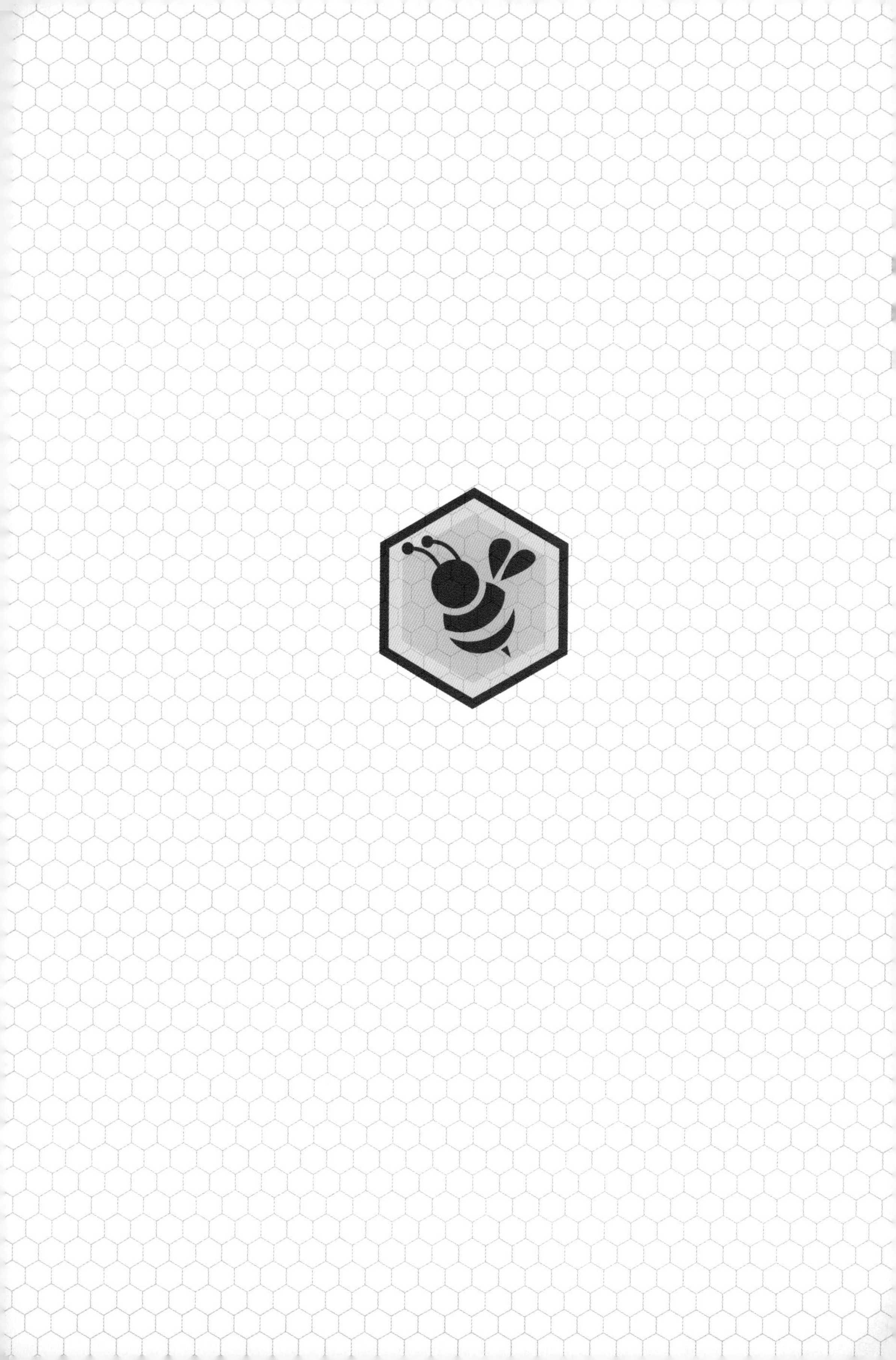

专题一

蜜蜂王国探秘

人类饲养蜜蜂已有几千年的历史，饲养蜜蜂能获得蜂蜜、蜂王浆、蜂胶等各种蜂产品，这些产品几乎都可直接供我们食用。养蜂业更是现代生态农业的一个重要组成部分。蜜蜂能为农作物授粉，很多发达国家把蜜蜂授粉作为提高农作物产量的措施之一，非常重视对其的研究和应用推广。

一、蜜蜂的起源与进化

（一）蜜蜂起源

蜜蜂在分类学上属于节肢动物门昆虫纲膜翅目蜜蜂科蜜蜂属。蜜蜂属中的蜜蜂有以下三个方面共同的生物学特性：营社会生活，泌蜡筑造双面具有六角形巢房的巢脾，积极采蜜、储蜜。

蜜蜂起源和进化的最直接证据就是古生物学中的化石记录。古生物学家在不同地质年代的地层中，相继发现了一些蜂类的化石。根据鉴定分析，这些化石蜜蜂共包括已灭绝的 9 个种、7 个亚种和现存的 2 个种。这些化石集中分布在古北区（欧亚古大陆温带区）、东洋区（热带、亚热带区）和非洲区（撒哈拉沙漠以南地区）。

在波罗的海的始新世后期的地层中，发现了类似于现在蜜蜂的原始蜂类的化石；在墨西哥、波罗的海的渐新世前期的地层中，发现了表面像无刺蜂的工蜂和地蜂科、切叶蜂科和蜜蜂科的蜂类化石；在德国波恩的中新世早期的地层中，发现了蜜蜂属 *Symapsis* 亚属的蜂类化石；在德国的中新世后期的地层中发现了类似于现在蜜蜂属的蜂类化石（图 1–1）。

图 1–1　德国亨氏蜜蜂化石

在我国山东省临朐县山旺村新第三纪中新世的地层中发现了中新蜜蜂化石；在山东省莱阳市北泊子村中生代早白垩世的地层中发现了北泊子古蜜蜂化石（图 1–2）。

图 1–2　北泊子古蜜蜂化石

根据上面提到的化石资料分析，最早的蜜蜂种类应该出现在早白垩世早期（或者更早）至晚白垩世。

关于蜜蜂的起源地点，学术观点不统一：

一是蜜蜂的起源地在华北古陆，理由是迄今为止最古老的北泊子古蜜蜂化石出自中国山东莱阳市，根据已知化石的对比分析，一些学者认为中国华北古陆应是蜜蜂的起源地。二是蜜蜂起源于东南亚，这是通过分析现有蜜蜂属中蜜蜂的地理分布、形态特征、生物学特性和蜂毒的氨基酸顺序得出的研究结果。三是蜜蜂起源于非洲，直接证据来自2006年蜜蜂分子生物学最新研究成果。研究发现蜜蜂起源于非洲，并曾两次"走出非洲"——恰如人类起源于非洲，然后逐渐迁徙到欧亚大陆和美洲大陆。

（二）蜜蜂与植物协同进化

昆虫与植物的关系，是昆虫和植物在亿万年的进化过程中形成的，它不仅表现在农业害虫与植物之间取食与被取食的关系，还表现在授粉昆虫与植物之间的相互作用与协同进化的关系。

所谓协同进化，是指一个物种行为受到另一个物种行为影响，而产生的两个物种在进化过程中发生的变化。它包含三个特性：一是特殊性，一个物种各方面特征的进化是由另一个物种引起的；二是相互性，两个物种的特征都是进化的；三是同时性，两个物种的特征必须同时进化。

自然界物种间存在一对一协同进化关系的比较少见，而虫媒花植物与传粉蜜蜂的进化过程正属于此类。在长期进化过程中，植物和授粉蜂之间形成了互惠互利关系：一方面，植物因为昆虫的活动而完成了授粉受精作用，物种得以繁衍和进化；另一方面，对昆虫来讲，物种的花或者其他器官所分泌的花蜜、散出的花粉成为其赖以生存的食物来源，蜜蜂则进化到专食花粉、花蜜的程度。

1. 植物对蜜蜂的适应

植物和蜜蜂协同进化的历史很悠久，大约有 100 万年。在这漫长的协同进化的过程中，虫媒花植物为了吸引蜜蜂为之传粉，形成了一系列的适应蜜蜂传粉的特征。

（1）花香　虫媒花多具特殊的气味，以吸引蜜蜂等昆虫。不同植物散发的气味不同，趋附的昆虫种类也不一样，有喜芳香的，也有喜恶臭的。对蜜蜂而言，花的香味较颜色有更大的吸引力，其中，含安息香类化合物的花对蜜蜂吸引力最大，其次是含柠檬油、香橼油的花等。

（2）花色　虫媒花多具鲜艳色彩，通常以白、红、黄、蓝为主，其他颜色较少。有人曾做过统计，在 4 197 种植物花色中，白色有 1 193 种，黄色有 915 种，红色 923 种，蓝色 594 种，其他颜色较少，这是蜜蜂等自然昆虫长期自然选择的结果。一般白天开放的花多为黄、蓝、紫、白（能反射紫外线）等颜色，这些颜色正处于蜜蜂的视觉范围之内。其中，黄色和蓝色花容易被蜜蜂识别，红色花最能吸引蝴蝶；晚上开的花多为纯白色，只被在夜间活动的蛾类识别。为了吸引蜜蜂等昆虫来采集，有些花尽量鲜艳，如鸭跖草花的 6 个雄蕊中有 4 个退化成蝶形，呈鲜黄色，蓝色的花被镶上鲜黄色的雄蕊，格外鲜艳；美人蕉的雄蕊和柱头又宽又红，很像花瓣；菊科、伞形科、虎耳草科、忍冬科等植物由于花朵特别细小，常以千万朵密集的形式积小成大，达到夺目的效果。有些种类的花朵不鲜艳，常以有色的萼片和叶片来衬托，如紫茉莉科中的九重葛，它的花只有三朵聚生，花下部有紫红色的叶形苞片托着，好像真正的花瓣一样；大戟科的一品红长在枝条顶端的红艳艳的片状物不是花瓣，而是叶片。这些特点，都是巧妙地利用其他有色器官达到目的，即招引蜜蜂等昆虫来拜访花朵。

（3）花蜜　虫媒花多半能产生花蜜。蜜腺或分布在花的各个部分，或发展成特殊的器官。花蜜经分泌后积聚在蜜腺周围。花蜜深藏在花冠之内的，多为长喙的蝶类和蛾类所吸取；花蜜暴露在外的，往往有利于蜜蜂、甲虫、蝇和短喙的蛾类趋附、采集。蜜蜂等昆虫取蜜时，花粉粒粘在虫体上而被传播开。

（4）花粉　虫媒花的花粉粒一般比风媒花的要大，有黏性；花粉外壁粗糙，多有刺突；花粉裂开时不被风吹散，而是粘在花药上。这使蜜蜂等昆虫在探花采蜜时容易触到并附于体表。雄蕊的柱头也多有黏液分泌，花粉一经接触，即被粘住。虫媒花的花粉量远较风媒花的少，而花粉粒所含的蛋白质、糖类等营养物质比风媒花植物的丰富，是蜜蜂等授粉昆虫的优良食物。

（5）花的结构　虫媒花在结构上也常和传粉的蜜蜂等昆虫间形成较为适应的关系。昆虫的大小、体型、结构和行为，与花的大小、结构和蜜腺的位置等都是密切相关的。例如，唇形科鼠尾草属植物的花萼、花冠合生成管状，但5片花瓣的上部却分裂成唇形，2片合成头盔状的上唇，另3片联合形成下唇，呈水平方向伸出。上唇的下面有2枚雄蕊和1枚雌蕊。雄蕊结构特殊，成为一个活动的杠杆系统，它的药隔延长成杠杆的柄，上臂长，顶端有2个发达的花粉囊；下臂短，花粉囊不发达，发展为薄片状。雄蕊的薄片状下臂位于花冠管的喉部，遮住花冠管的入口。当蜜蜂进入花冠管的深处吸蜜时，先要停留在下唇上，然后用头部推动薄片，才能进入花内，吸取花蜜。由于杠杆的原理，当薄片向内推动时，上部的长臂向下弯曲，使顶端的花药落到蜜蜂的背部，花粉也就散落在蜜蜂背上。开花初期，鼠尾花的花柱较短，到花粉成熟散落以后，花柱开始伸长，柱头正好达到蜜蜂背部的位置上，等到带有花粉的另一只蜜蜂进入这一花内采蜜时，背上的花粉正好涂在弯下的柱头上，完成传粉过程。

（6）开花习性　蜜蜂属于变温动物，温度对蜜蜂的新陈代谢影响甚大，在较低的温度时，蜜蜂必须消耗较多的能量、采食较多花蜜来维持一定的体温。因此，在较低的温度下，授粉植物的开花流蜜必须比在较高温度下提供更多的热量报酬——花蜜；其途径或是这些植物生长开花时间较集中，或是植物开的花必须挤在一起，只有这两种方式才能补充蜜蜂在低温下多消耗的能量物质。而这两种方式，在自然界中是常见的，如在早春季节，植物多呈大丛开花或许多种植物同时开花；越靠近北方的地区，植物开花越集中且流蜜量大。这些巧妙适应的结果，是植物在协同进化过程中对授粉动物的适应。

总之，经过长期的自然选择，虫媒花能散发出芳香的气味来吸引蜜蜂等授粉者；还出现了鲜艳的花色，给蜜蜂提供醒目的标志；最主要的是花瓣或花蕊的基部能分泌出香味而又营养丰富的花蜜以回馈探花者。虫媒花的进化趋势，是有利于吸引蜜蜂等授粉者对自身的访问，从而带来异株的花粉。

2. 蜜蜂对植物的适应

蜜蜂对植物的适应是蜜蜂与植物协同进化的另一方面。蜜蜂作为理想的授粉者，在长期与植物协同进化的过程中，形成了专以植物的花蜜和花粉为食物的特殊生活习性和与之相适应的结构。

（1）蜜蜂个体结构对植物的适应　蜜蜂周身长满了绒毛，有利于蜜蜂收集花粉和授粉。蜜蜂的口器属于有长喙的嚼吸式口器，且有发达的上颚，这种口器结构有利于吸取植物深花管内的花蜜。后足发达，且在后足的胫节近端部较宽大，外侧的中间凹陷，此凹入部分的外围由许多又长又硬的毛所包围，即花粉筐，它是用来运装花粉的。工蜂前肠的嗉囊特化为蜜囊，这是其他昆虫不具备的。在蜜蜂的感官中，其辨色能力也是与其生活环境相适应的，实验证明，蜜蜂不能辨别鲜红色与黑色、深灰色，因此鲜红色对蜜蜂来说，并不是醒目的颜色，这与自然界的植物大都是黄色和白色的花，并使蜜蜂在取食生态位上与其他授粉动物分开是相适应的。

（2）蜜蜂特殊生活习性对植物的适应

1）采集花蜜、花粉的本能　蜜蜂采集花蜜和花粉时，每次访花的数目、经历的时间、每天出勤次数以及平均采集重量，取决于花的种类、温度、风速、相对湿度以及巢内条件等因素。据观察，每一次采粉，需要访问梨花 84 朵或蒲公英 100 朵，时间为 6 ~ 10 分，采粉重量为 12 ~ 29 毫克；每天一般采粉 6 ~ 8 次，最多达 47 次，平均为 10 次；25% 的蜜蜂只采集花粉，58% 的只采集花蜜，17% 的蜜粉兼采。

2）飞行能力　工蜂有较强的飞行能力，在晴朗无风的条件下，意蜂载重飞行的速度为 20 ~ 24 千米 / 时，最高飞行速度可达 40 千米 / 时。

3）活动范围　通常蜜蜂的采集活动，大约在离巢 2.5 千米的范围内。以半径 2 千米计算，其利用面积在 12 平方千米以上。如果蜂巢附近蜜粉源稀少，强群采集半径甚至会扩展至 3 ～ 4 千米。

4）很强的信息获得能力　一方面，蜜蜂能分泌多种外激素，借空气或接触向同种其他个体传递信息。如蜜蜂在访花时会在花上留下特有的气味，并能保持一段时间，告知其他蜜蜂个体该花近期已被访过，以提高采集效率；另一方面，蜜蜂能利用特殊“舞蹈”语言表达信息，发现蜜粉源的工蜂回巢后，会以不同形式的舞蹈把信息传递给其他工蜂，以表达所发现蜜粉源的量、质、距离以及方位等。蜜蜂的这种舞蹈是一种本能的表现，是在长期自然选择过程中所建立起来的适应性反应，同时也大大提高了传粉效率。

二、蜜蜂的“九大家族”

蜜蜂属昆虫自然分布于亚洲、欧洲和非洲。大洋洲和南北美洲原来是没有蜜蜂属昆虫的，17 世纪以后，由于欧洲移民的携带和商业上的交流，才使那里有了西方蜜蜂。蜜蜂属现有 9 个种，即大蜜蜂、黑大蜜蜂、小蜜蜂、黑小蜜蜂、东方蜜蜂、西方蜜蜂、沙巴蜂、绿努蜂和苏拉威西蜂。

蜜蜂属的分类最早来自林奈，他在1758年所著的《自然系统》（第10版）中提出蜜蜂属 *Apis*，并指定西方蜜蜂（*Apis mellifera*）为模式种。对于蜜蜂属内种的确立，研究者基本上采用的都是生物学种的标准，有时也使用进化种的概念。生物学种主要依据是否存在生殖隔离，而进化种的概念综合了系统发育的结果。

（一）大蜜蜂

图 1-3　护脾的大蜜蜂工蜂

大蜜蜂又名排蜂，分布于我国的云南南部、广西南部、西藏南部、海南和台湾。国外分布于南亚和东南亚，西不超过印度河，东至菲律宾群岛。

大蜜蜂个体大，工蜂体长 16 ~ 18 毫米；前翅黑褐色并具有紫色光泽；头部和胸部为黑色，腹部第 1 ~ 3 节背板的绒毛为橘红色，第 4 ~ 6 节的绒毛为黑褐色，见图 1-3。露天筑巢，只有一片巢脾，附着于高大的树干上，常离地面 10 米以上，或筑巢于树丛中；巢脾面积大小不等。进行季节性迁飞。进攻性强，常蜇人。护脾性强。每群大蜜蜂一年可采集蜂蜜 25 ~ 40 千克，可用其为药用植物砂仁授粉。

（二）黑大蜜蜂

黑大蜜蜂又名喜马拉雅排蜂，分布于我国的广西西部、西藏南部、云南西部和南部等地。国外分布于尼泊尔、不丹、印度东北部、缅甸北部

图 1-4　正在采蜜的黑大蜜蜂

及老挝。

黑大蜜蜂个体大，工蜂体长 17 ~ 18 毫米；前翅烟褐色；整个腹部为黑褐色绒毛，腹节间有明显的白色绒毛带，见图 1-4。栖息在海拔 1 000 ~ 3 500 米的高原地区。露天筑巢，只有一片巢脾，附着于岩缝中的石壁上，离地面 10 米以上。进行季节性迁飞。进攻性强，常蜇人，护脾性强。每群黑大蜜蜂一年可采集蜂蜜 20 ~ 40 千克。

（三）小蜜蜂

分布于我国的云南和广西西南部等地。国外分布于东南亚、南亚、阿曼北部、伊朗南部。

小蜜蜂个体小，工蜂体长 7 ~ 8 毫米；腹部第 1 ~ 2 节背板为暗红色，其余各节为黑色；胸部绒毛短而黄，腹部背板绒毛短而黑，见图 1-5。栖

图 1-5　小蜜蜂

息在海拔 1 900 米以下、年平均气温为 15 ～ 22℃的地区。露天筑巢，只有很小一片巢脾，筑于灌木丛或杂草丛中，离地面只有 20 ～ 30 厘米。进行季节性迁飞，蜜源贫乏时也会迁飞。护脾性强，蜜源缺乏时常蜇人。每群小蜜蜂一年可采集蜂蜜 1 ～ 3 千克；可用于授粉。

（四）黑小蜜蜂

图 1-6　黑小蜜蜂

分布于我国的云南西双版纳、临沧地区。国外分布于印度东部和东南部、苏拉威西岛及其以东岛屿、菲律宾。

黑小蜜蜂个体小，工蜂体长 8 ~ 9 毫米；黑色，腹部第 3 ~ 5 节背板后缘具白色绒毛带，见图 1–6。栖息在海拔 1 000 米以下的地区。露天筑巢，只有一片巢脾，附着于小乔木的枝干上，离地面 2.5 ~ 3.5 米；巢脾面积略小于小蜜蜂的巢脾；护脾性强。每群黑小蜜蜂一年可采集蜂蜜 1 ~ 1.5 千克；可用于授粉。

（五）东方蜜蜂

图 1–7　东方蜜蜂

广泛分布于亚洲，主要是热带及亚热带地区，其次是温带地区。其分布范围十分广阔：南至印度尼西亚，北至乌苏里江以东，西至阿富汗和伊朗，东至日本。

蜂王、工蜂、雄蜂分化明显；蜂王有黑色和棕色两种，雄蜂为黑色；

工蜂体色变化较大，热带和亚热带的东方蜜蜂，腹部以黄色为主，温带和高寒地区的东方蜜蜂，腹部以黑色为主；工蜂体长平均为 10.0 ~ 13.5 毫米，后翅中脉分叉，上唇基具有三角形黄斑。由南至北，个体逐渐增大，体色逐渐由黄变黑，跗肢逐渐变短，见图 1–7。

在自然状态下，在树洞、岩穴等隐蔽处筑巢，蜂巢由多片巢脾组成；雄蜂蛹房盖呈斗笠状隆起，中央有气孔。工蜂的活动和行为与西方蜜蜂相似，但在巢门前扇风时头朝外（头背着巢门）。行动敏捷，发现蜜源快；采集范围半径为 1 ~ 2 千米。可维持 1.5 万 ~ 3.5 万只蜜蜂的群势，分蜂期常修造 7 ~ 15 个王台；在蜜源贫乏时常迁飞。抗螨力强，能抵御胡蜂等天敌；抗巢虫（蜡螟）能力弱，极易感染囊状幼虫病。盗性强，采树胶，蜜房封盖为干型。

每群蜂年产蜂蜜 10 千克以上，因其蜜房封盖为干型，故适用于生产巢蜜，不能生产王浆。

（六）西方蜜蜂

图 1–8　西方蜜蜂（李建科　摄）

西方蜜蜂简称西蜂，原产于中近东、欧洲和非洲，由于欧洲移民的携带和商业上的交流，现已遍及除南极洲以外的各大洲。

蜂王、工蜂、雄蜂分化明显，个体大小与东方蜜蜂相似；体色变化很大，从黑色至黄色。工蜂腹部第 6 背板上无绒毛，后翅中脉不分叉，见图 1–8。

在自然状态下，在洞穴中筑巢，蜂巢由多片巢脾组成；雄蜂蛹房盖中央无气孔；与东方蜜蜂相似，但在巢门前扇风时头朝里（头对着巢门）。产卵力、采集力、分蜂性、抗病力、抗逆性等经济性状变化很大；采胶习性、盗性等变化也很大。蜜房封盖有干型、湿型和中间型 3 种。

（七）沙巴蜂

图 1–9　树洞口的沙巴蜂

分布于马来西亚婆罗洲东北部和斯里兰卡。

沙巴蜂个体大小与东方蜜蜂相似，体色为淡红色，见图 1–9。生物学特性类似东方蜜蜂，但在原产地，其雄蜂飞翔时间却与东方蜜蜂不同，东方蜜蜂雄蜂的飞翔时间为13：30 ~ 15：30，而沙巴蜂雄蜂的飞翔时间为16：30 ~ 18：30。

（八）绿努蜂

图1-10　绿努蜂

发现于马来西亚的沙巴州绿努山区，在中国广州地区也有发现。为蜜蜂属中型体的一种，工蜂体色较深，多为暗黑色，又称“黑色蜜蜂”，见图1-10。绿努蜂生活在海拔1 700米以上的山区，穴居，在树洞里营造复脾蜂巢，可驯养为饲养蜂种。当胡蜂接近巢口时，守卫蜂腹部上举，臭腺外露。婚飞时间为10：44 ~ 13：12，高峰期在12：00。

（九）苏拉威西蜂

苏拉威西蜂因主要分布在印度尼西亚的苏拉威西岛及附近岛屿而得名。因其尾部特别大，当地人常称其为“大尾蜂”；又因其蜂窝中的蜂蜜甜度极高，也有人称其为“噬糖蜂”。

体型比当地的东方蜜蜂稍大，唇基和足略带黄色，工蜂体长约11毫米，体色也较东方蜜蜂浅。雄蜂房封盖内没有像东方蜜蜂的茧，房盖上也没有像东方蜜蜂一样有小孔。婚飞时间为14：15 ~ 17：30。穴居，营造复脾，其余生物学特性与东方蜜蜂相似。

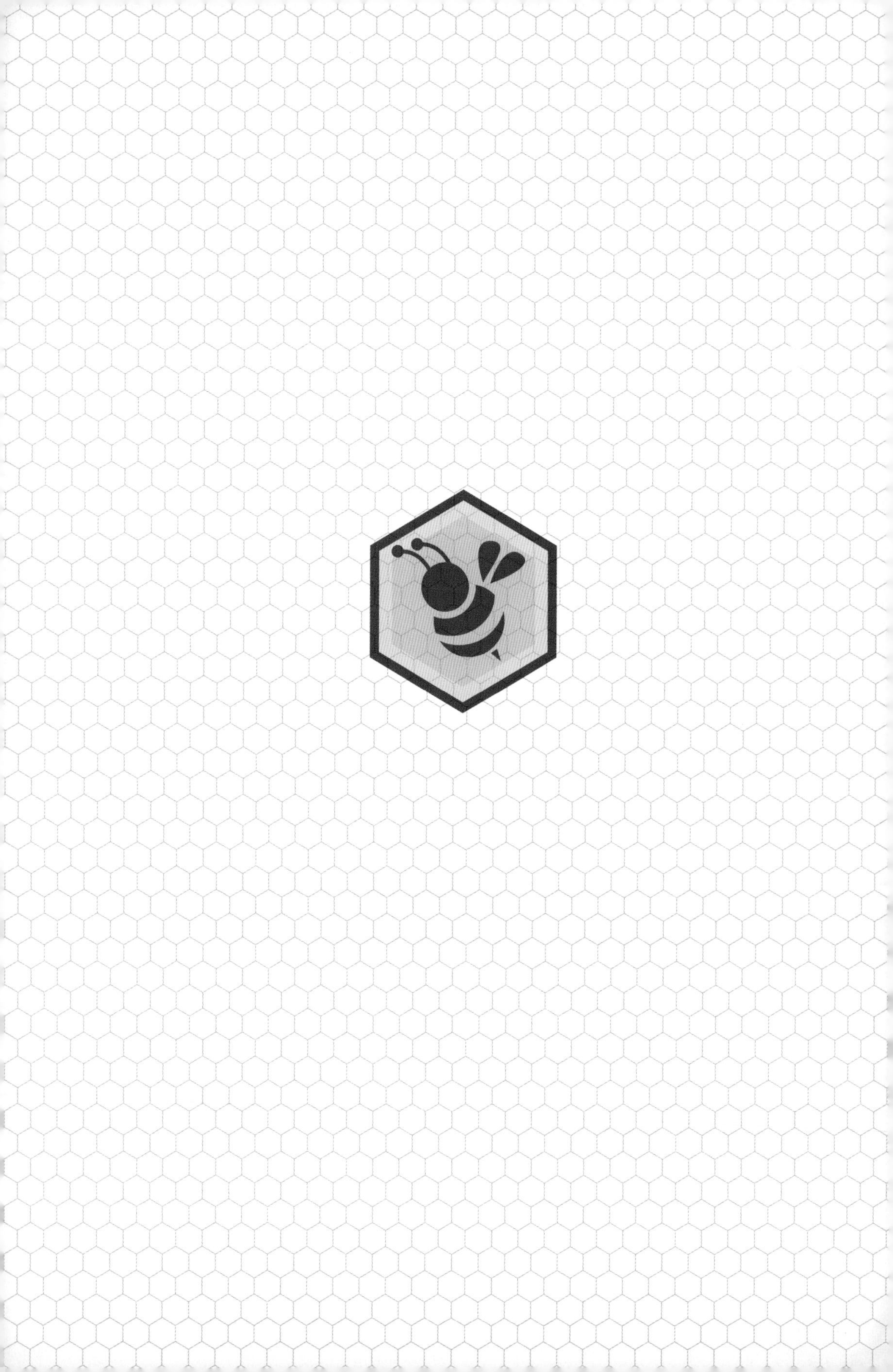

专题二

蜜蜂史话

蜜蜂在地球上存在的历史远远要比人类和人类文明的历史长得多。但聪明的人类很早就学会了从蜜蜂那里获得食物，并逐渐学会了饲养蜜蜂从而更好地利用蜜蜂。蜜蜂在人类文明史中留下了一抹靓丽的色彩，人类也创作了精彩的蜜蜂史话。

一、中国养蜂史

（一）古代养蜂

中国古代的养蜂历史，就是一部中华蜜蜂（简称中蜂）从野生、驯化到家养的历史。

中华蜜蜂的祖先，是分布在广袤的华夏大地，栖息于山林洞穴的中新世蜜蜂，距今已有 2 500 万年。原始社会地广人稀，植物繁茂，蜜源丰富，良好的自然条件有利于中华蜜蜂的繁衍。人们偶然发现了从树洞、崖穴中溢出的蜂蜜，并逐渐认识到蜂蜜可食、蜂蜡可用、蜂毒具有医疗作用。

据现存文字记载可知，远至西周（前 1046—前 771）时期，蜂与蜜在我们祖先的生活中已占有一定位置。《礼记・内则》《黄帝内经》都有以蜜敬事父母及蜂子、蜂毒保健治病的记述；反映先秦奇闻趣事的文学作品中也有视蜂为吉兆、视蜜为珍品的故事。

“蜂”字最早见于《诗经・周颂・小毖》，见图 2–1。《周颂》多是西周早期作品，距今 3 000 年左右。

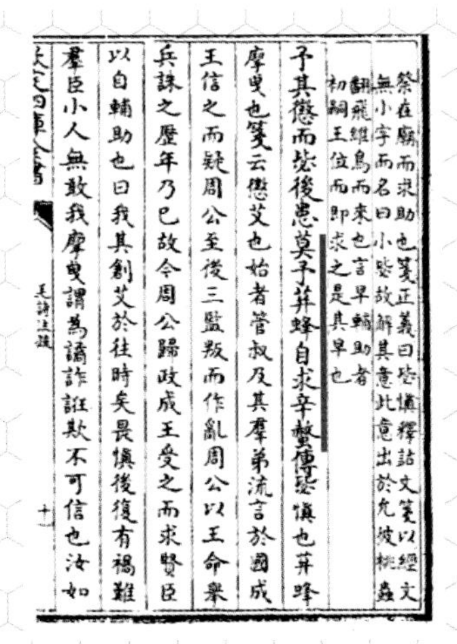

欽定四庫全書

祭在廟而求助也箋正義曰毖慎釋詁文箋以經文
無小字而名曰小毖故解其意此意出於允彼桃蟲
翻飛維鳥而來也言早輔助者
初嗣王位而即求之是其早也
予其懲而毖後患莫予荓蜂自求辛螫傳毖慎也荓蜂
摩曳也箋云懲艾也始者管叔及其羣弟流言於國成
王信之而疑周公至後三監叛而作亂周公以王命舉
兵誅之歷年乃已故今周公歸政成王受之而求賢臣
以自輔助也曰我其創艾於往時矣畏慎後復有禍難
羣臣小人無敢我摩曳謂為譎詐誑欺不可信也汝如

毛詩注疏

十

图 2-1 《诗经 · 周颂 · 小毖》(复印件)

我国食蜜的历史悠久。除上述《礼记 · 内则》中“妇事舅姑，如事父母……枣、栗、饴、蜜以甘之”的记述外，《楚辞 · 招魂》记载春秋战国时期食蜜已较为普遍，有了以蜜和面做的主食以及用蜜做的酒。

随着生产的发展，农田大量开垦，人们对蜂蜜的采集、掠夺，使蜜蜂的生存环境恶化，蜜蜂逐渐从平原迁往高山，蜂蜜更加可贵而难求。对蜂蜜、蜂蜡、蜂子、蜂毒需求的不断增加，成为人们将野生蜜蜂引为家养的动因。

两汉至两晋（前 206—公元 420），是中华蜜蜂由野生过渡到家养的重要时期。

家养蜜蜂，始于何时，已无从查考。从汉代姜岐“以畜蜂豖为事”（见晋皇甫谧《高士传 · 姜岐》）可知，汉代已有以养蜂为业者。

蜜蜂由野生到家养，可以防止天敌伤害、雨淋日晒，而且，增进了人们对蜜蜂的观察、了解。分蜂季节，可以为分蜂群准备蜂窝，为其繁衍起到保护作用。因此，可以说由野生到家养是中华蜜蜂发展史上的一次飞跃。

蜜蜂进入家园，其生活习性、群体组织及其功能作用等逐步被人们注意和认识。自汉以后，有关中华蜜蜂的记载逐渐增多，为后人研究中华蜜蜂发展源流提供了可贵的史料。西汉刘安在《淮南子·氾论训》中，不仅首次提出“蜂房”一词，而且描述了蜂房的大小：“蜂房不容鹄卵。”东汉王充在其哲学著作《论衡·言毒》中多处提及蜂、蜜及蜂毒。“蜜为蜂液”“生高燥比阳，阳物悬垂，故蜂虿以尾刺”等。许慎在《说文解字》中对蜂、蜜等都做了注释。从这些记载可知汉代蜂业的发展。

三国两晋时，对蜂及蜂产品的认识更加深化。蜂与蜜不仅见于诗与文，而且有用以入药、炼丹的记载。当时的代表作有张华的《博物志》和郭璞的《蜜蜂赋》。前者首次详细记述用蜜蜡涂器诱集野生蜜蜂的过程和方法，说明人们已有较为丰富的收蜂经验，至今，我国有些地区收集野生蜜蜂仍沿用此法；后者对蜜蜂的生物学特性，如出巢环境、巢门朝向、蜂巢结构、采集习性、卫巢、分蜂以及蜜的功用和特点都做了描述。如果不是对蜜蜂有较多的观察和了解，很难描绘得如此形象生动、趣味盎然。当时蜂蜜及蜂产品已广泛用于食品、贡品、保健品，皇帝也以之作为对臣僚的赐品。南朝梁陶弘景在《神农本草经》中对蜜的色味及药理作用都有描述。南北朝时蜂蜜不仅民间采集，而且有封山官采。蜜源丰富地区由地方长官专有。从《太平御览》卷857“蜜工收蜜十斛，有能增煎二升者，赏谷十斛”的记述中可见一斑。

历经多年分割战乱后的唐代(618—907)，社会安定，经济繁荣，中华蜜蜂也随之稳步发展。唐高祖李渊与养蜂人的对话（见《卓异记·蜂丈人》）反映了当时人们已从单纯取蜜的短视行为改进为留足越冬蜂粮取其余蜜，使蜂群繁盛。唐代蜂业繁盛，从唐诗中也可得到佐证。浏览《全唐诗》，咏蜂诗句多处可见。辛勤采蜜的蜜蜂触动了诗人的情感，诗坛巨匠以如椽之笔对蜜蜂的描绘使人如见蜂舞，如闻蜂声。不同流派的诗人如孟浩然、岑参、白居易、贾岛、李商隐等都对蜜蜂情有独钟。伟大诗人杜甫多有咏蜂佳句。女诗人鱼玄机对蜜蜂也有吟咏。文学是社会现实的反映，正是由于唐代蜂业的兴旺，家养蜜蜂遍及田野、庭院，随处可见蜜蜂飞翔、采集，使诗人有感而发，他们既讴歌了蜜蜂辛勤劳动、造福于人，又对“既毁我室，又取我子”的掠夺方式做不平之鸣。

中华蜜蜂业在唐代发展的基础上，宋代(960—1279)从饲养管理到蜂产品应用都有所提高。这一时期除有诗词吟咏外，更多的是对蜜蜂饲养技术的翔实记载。北宋文学家王禹偁的《小畜集·蜂记》，对蜂王在蜂群中的地位、蜂王自然分蜂的异乡之旅，都有新的认识。在文坛、书画独领风骚的苏轼，宦途多舛，屡遭贬谪，漫长的旅途，使他广识博览。他喜食蜂蜜，因而爱蜂，在不同地区都写了有关蜂与蜜的诗文，这对后世了解宋代蜜蜂分布及管理大有裨益。苏辙的《收蜜蜂》和苏轼的《安州老人食蜜歌》都可使人了解宋代养蜂技术水平。苏轼谪居黄冈时，武都山道士杨世昌前往看望，与其畅谈琴棋书画，并教他酿制蜜酒。苏轼与杨世昌告别时心情怅然，为他写了《蜜酒歌》，并记录了蜜酒酿制法，词中道：“君不见南园采花蜂似雨，天教酿酒醉先生。”“蜂似雨”虽是艺术夸张，但花茂蜂多是现实生活的写照。

陆佃的《埤雅》、罗愿的《尔雅翼》都属于这类书，他们辑录了前人的养蜂文献，对研究中华蜜蜂的驯化历史具有承前启后的作用。

元代 (1206—1368) 中华蜂的饲养空前繁荣，这不仅表现为管理更为科学，数量有所增加，更主要是蜜蜂作为农副业的一项内容已受到政府的重视。由司农司编纂的《农桑辑要》一书，将养蜂单列成篇。当时出版的农书，如王祯的《农书》、鲁明善的《农桑衣食撮要》，对蜂群的四季管理经验记述得比较详细，并记载养蜂致富者大有人在。

明代 (1368—1644) 养蜂经验更加成熟，蜜蜂家养已经比较普遍。明初大臣刘基在《郁离子·灵邱丈人》一文中，简明扼要地记述了当时蜂群“疏密有行，新旧有次。坐有方，牖有乡”的有序管理。虽然作者主观上想以寓言的形式劝谏最高统治者不仅要善于创业，而且要善于守业，但文中所记载的养蜂方法则反映了明代养蜂的技术水平。明代科学家宋应星在《天工开物·蜂蜜》一文中记述了当时西北地区的蜂蜜已达到“西北半天下，盖与蔗浆分胜”的地步。长期以来，陕、甘、宁地区是我国西北蜜库，直至中华人民共和国成立后，这里还流传着“养蜂不用种，只要勤作桶”的谚语。随着养蜂事业的发展，蜂产品的开发利用不断拓宽，尤其是在医药应用领域成就最高。明代医药学家李时珍经过多年考察，编写了《本草纲目》一书，其中对蜂、蜜、蜡、蜂毒的形、色、性能、作用等介绍都有超越前人的解释，使人们对蜜蜂的特点及其与人类健康的关系的认识更加深化。

清代（1616—1911）中华蜜蜂仍沿袭旧法饲养管理，而清中叶以后，西方国家的蜂业已进入飞速发展的时期。意大利蜂由西欧逐渐传入北美。1851 年活框蜂箱的问世以及稍后多框分蜜机的发明，大大提高了生产力，使蜂业生产发生了革命性的变化。此时的中国蜂业，由于清政府的闭关锁国，技术上墨守成规，经营上仍处于自然经济状态。1819 年出版的中国第一部蜂学专著《蜂衙小记》，其内容基本上仍是前人经验的概括。19 世纪末，西方的一些蜂学文献逐渐被译成中文，如对蜂群的三种类型及相互关系等介绍，开拓了国人的视野，至此人们对蜜蜂才有了比较科学的认识，而活框养蜂技术迟至 1911 年以后才传到中国。

纵观古代养蜂史料，可以看出，在漫长的历史长河中，中华蜜蜂是随着天时、地利及技术管理水平的变化而起伏兴衰的，是沿着循序渐进的轨迹繁衍、发展的。现有资料表明，中华蜜蜂与世界其他国家蜜蜂发展史比较，可以说是异域同步，我国在家养、割蜜、蜂产品加工、蜂窝制作、设置以及技术管理等方面都毫不逊色，有些甚至早于他国或在同一时期内是较为先进的。但在 19 世纪末，我国养蜂业明显落后于其他西方国家。

（二）近代养蜂

1911 年至 1949 年为近代养蜂阶段。辛亥革命后，意大利蜂等西方蜂种、活框蜂箱等养蜂用具以及其他先进养蜂技术不断传入中国，人们从蜜蜂生物学角度深刻认识它与人民生活、与农业增产的关系，从而增加了养蜂的兴趣。1927 年，南京政府农矿部开办了养蜂训练班，此后一些综合性大学和农业院校也增设了养蜂课，培养专业人才。30 年代前后，南京国民政府颁布了保护养蜂业发展的法令，一些养蜂大省也制定了相应的法规，有力地维护了养蜂者的权益，推动了养蜂业的发展。

在当时的养蜂热潮中，人们热衷于从美国、意大利和日本引进西方蜜蜂，而历史悠久的中华蜜蜂则处于被冷落的地位。随着养蜂热的逐步升温，西方蜂种的价格暴涨，同等群势的进口蜂比中蜂价格高出几倍甚至几十倍。养蜂界有识之士注意到，中华蜜蜂有资源丰富、可就地取材、适应性强、采蜜期长等优势，试验着将中蜂从旧式蜂窝中移入新式蜂箱进行活框饲养。中蜂过箱经验的文章首次在养蜂报刊上发表后，犹如“一石激起千层浪”，在全国养蜂界中引起强烈反响，大家纷纷在报刊上撰文，各抒己见，介绍自己的试验，形成了互相切磋、取长补短、广泛交流经验的热潮。中华蜜蜂在这场大讨论中，从泥封的荆囤、挖空的树干以及竹篓、土石房等多种形式的蜂窝中“乔迁”到活框蜂箱内，由依形造脾改为在标准的活框上造脾，方便了检查、饲养，有利于科学管理。此后，中华蜜蜂理应呈现快速发展之势，遗憾的是外界干扰抵消了管理改革的应有成效。因为一些蜂场唯利是图，养王分蜂出售，内耗严重，群势衰弱；在引入西方蜂种的同时，也带进了蜂病，如幼虫腐臭病、囊状幼虫病等。蜂病迅速蔓延，导致许多蜂场倒闭，也危及中华蜜蜂的安全。虽然当时的政府也颁布了《蜜蜂进口检验规程》《检验农产物病虫害暂行办法》等，但限于科学水平，病菌难以根绝。日本帝国主义侵略我国以后，我国工农业生产受到极大破坏，经济凋敝，民不聊生，刚刚步入高潮的中国蜂业急转直下，跌入低谷。

（三）现代养蜂

中华人民共和国成立后，百废俱兴，国民经济迅速恢复和发展，养蜂业也随之恢复生机。人民政府采取了一系列保护、发展养蜂业的措施：实行免税、贷款等经济优惠政策；成立养蜂科研机构，推广科学饲养技术；

在高等院校开设养蜂课程，培养专业人才；鼓励出版养蜂书刊，普及养蜂知识，宣传养蜂的作用；等等。1957年10月，农业部、农垦部联合召开了全国养蜂工作座谈会。1958年1月，国务院批转了《关于全国养蜂工作座谈会的报告》，并指出“发展养蜂事业，可以增加国家财富，增加合作社收入；更重要的因为蜜蜂传授花粉，可以刺激作物生产增加产量”。这些都有力地推动了养蜂事业的发展，曾经是“山重水复疑无路”的中华蜜蜂终于枯木逢春，空前发展。到1957年年底，蜜蜂发展到105万群，中华蜜蜂占全国蜜蜂总数的70%左右。1958年10月，中国农业科学院养蜂研究所成立伊始，就把中华蜜蜂选种、过箱列为试验项目。同年，广西桂林召开了中华蜜蜂过箱经验交流会。1959年，农业部在广东从化县召开了中华蜜蜂新法饲养座谈会。1960年，中国农业科学院养蜂研究所与北京密云县农林局合办了中华蜜蜂场，同年，农业部在四川崇庆县召开了改良饲养本国蜂现场会。由政府职能部门召开一系列会议，调动了养蜂工作者的积极性，促进了全国养蜂事业的发展。1976年至1982年，中国农业科学院养蜂研究所经过反复试验和测定，制定了中蜂十框标准箱，于1983年5月定为国家标准。1989年5月1日起，中华蜜蜂饲养开始推行由农业部颁布的《中华蜜蜂活框养殖技术规范》，这标志着中华蜜蜂管理已经进入科学化、规范化的阶段。植根于华夏大地的中华蜜蜂，今天正面临着新发展的大好时机。它必将与西方蜜蜂比翼齐飞，在提高农业生产、改善人民生活质量、促进人民健康方面发挥越来越大的作用。

二、国外养蜂史

（一）古代养蜂

1. 采集蜂蜜

古代，原始人类初期的生产活动奉行的是“拿来主义”，取蜜也是这样。蜂蜜是人类唯一容易获得的天然甜食品，在渔猎社会蜂蜜常被用于宗教仪式。据考古学家的研究，人类采集蜂蜜的最早记录是西班牙东部巴伦西亚附近的比科尔普发现的蜘蛛洞里的一幅壁画。这幅壁画描述了当时人们采集蜂蜜的情景：从一座陡峭的断崖上垂下一些粗茎或绳索，一个人抓着粗茎爬到峭壁凹处的蜂巢前面，一群被激怒的蜜蜂在周围飞舞。

20 世纪 70 年代，人们在非洲南部的德拉肯斯山脉和津巴布韦发现多幅属于 7 000 年以前的石刻壁画，其中 70 多幅是关于蜜蜂、蜂巢、蜂脾以及采集蜂蜜活动的石刻，该壁画显示了猎蜜人把火举向蜂巢，熏逐蜜蜂，并有蜜蜂从蜂巢中飞出的情景。

2. 蜜蜂的驯养时期

原始社会，随着采集蜂蜜次数的增加，人们发现，在对树洞或其他地方的蜜蜂略加照顾和管理后它们便能生存下去，以此开始了原始的养蜂事业。起初，人们只能把蜜蜂随便放在一个容器中饲养，任其自生自灭，需要时割取一些蜂蜜和蜂蜡，方法极为简单。后来，人们生活上使用的容器被偶然飞来的蜂群占为蜂窝，或者是人们将蜜蜂居住的空心树段设法搬到住所附近并照料蜜蜂，使它们能生存下来，或者使用各种容器收集自然分蜂群，就开始了家养蜜蜂。

至于驯养蜜蜂，世界各地都有不同形式的记录，最早的记录可能是埃及人的。早在公元前 3000 年，古埃及人就沿着尼罗河进行转地养蜂。在埃及的阿布西尔，建于公元前 2400 年的太阳神庙石墙上，有一幅古代养蜂的图画：一个人正在用烟熏堆在一起的陶罐蜂窝，另一些人正在过滤蜂蜜，把蜂蜜装在小坛里。画面右侧还有一只蜜蜂，见图 2-2。在公元前 1450 年的埃及坟墓壁画中，也有描述“取蜜”的画面。

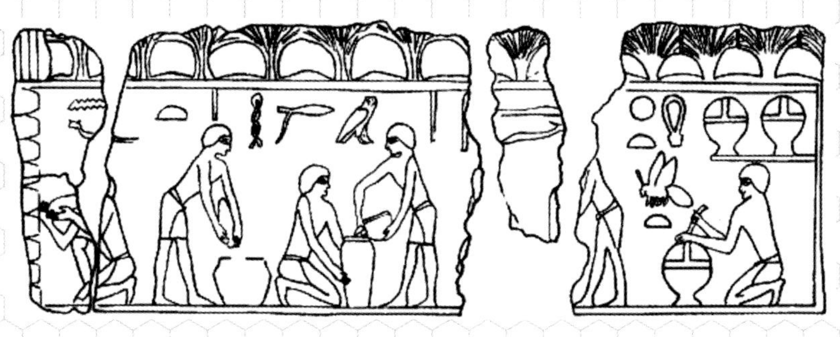

图 2-2　埃及太阳神庙中的养蜂壁画

中东地区和古埃及人把用黏土做的粗管平放重叠在一起作用蜂窝。此后，人们编织笆篓用作蜂窝。在地中海沿岸，人们使用陶罐作为蜂窝，希腊的阿提卡瓦利地区，发现大量前 450—前 400 年的缸状泥制蜂窝。从古罗马学者 M.T. 瓦罗（前 116—前 27）的名著《论农业》可以看出，当时地中海沿岸国家的养蜂业比较发达，蜂蜜和蜂蜡已经作为商品进行交换。

16 世纪以后，由于科技的发展，原始养蜂技术得到了改进，大大提高了生产率。随着农业技术的发展，人们认识到蜜蜂不仅仅能为人类提供香甜的蜂蜜，更可以通过蜜蜂为农作物授粉而显著提高农作物的产量。蜜蜂与人们的生产、生活变得更加密切，直至现在成为现代农业的一个重要组成部分。

3. 养蜂业的普及时期

16 ~ 18 世纪，由于蜂窝的结构、管理蜂群的方法和观察蜂巢内部的条件有了较大的改进，人们对蜜蜂的生物学有了基本的认识。开拓新大陆的人们带着蜜蜂迁居到世界各地，在 9 ~ 10 世纪，北美洲迎来了爱尔兰人和挪威人带来的西方蜜蜂；1621 年美国弗吉尼亚州迎来了欧洲黑蜂，从此西方蜜蜂传播到全世界，紧接着养蜂事业和养蜂学术研究在北美大陆取得了突飞猛进的发展。

几个世纪以来，养蜂事业发达地区的养蜂者一直在试图找出一种方法，能够容易地把巢脾从蜂窝里拿出来和放进去，以便观察了解蜜蜂的生命活动，积极干预蜜蜂的生活。为此养蜂者采取了一系列的改进办法。

美国养蜂家朗斯特罗什于 1851 年提出了“蜂路”的概念，他发现如果在箱盖和活动上梁之间留出 9.5 毫米宽的空间作为蜜蜂的通道，蜜蜂就不把箱盖和上梁粘连起来，并据此发明了实用活动巢框蜂箱。这一微小的变化带来了养蜂业革命性的进步，这种蜂箱在美国得到普遍推广，随后传遍世界各地，成为世界上应用最广泛的养蜂工具。

（二）近代养蜂

近代养蜂的标志就是活框饲养的普及和饲养技术的大发展。

1. 朗氏标准箱的发明和发展

美国养蜂家朗斯特罗什发明的标准蜂箱，对于养蜂业的发展具有重大意义。它使规模化养蜂成为可能，为现代养蜂业奠定了基础。接着朗斯特罗什的同代人 M. 昆比发明了继箱，大大提高了养蜂的效率。

2. 养蜂工具和饲养技术的大发展

随着活动巢框的使用，德国人梅林 1857 年发明平面巢础压印器制出了蜂蜡巢础，只有巢房的基础，没有房壁；奥地利赫鲁斯卡 1865 年发明了离心式蜂蜜分离机。以后经过朗斯特罗什和鲁特等人改进成为齿轮转动的手摇分蜜机，使养蜂者能够生产液态蜂蜜。随着人们对蜜蜂的生物学研究，人工育王技术成熟地应用到了养蜂生产中。随着巢础、摇蜜机、继箱、隔王板等更多养蜂工具的发明，集约高效的现代养蜂成为可能。

这期间不能不提养蜂业著名人物——查尔斯·达旦。他是美国养蜂企业家，出生于北美著名的养蜂世家。他年轻时开始饲养蜜蜂，为了学习养蜂知识翻阅了许多养蜂书籍，并很快接受了朗氏的活框蜂箱，提倡以活框蜂箱养蜂。1863 年他移居美国伊利诺伊州之后与儿子创建了世界闻名的达旦父子公司。1921 年达旦父子公司购买了美国《美国蜜蜂杂志》版权。1889 年以后，达旦父子公司将《朗斯特罗什论蜂箱与蜜蜂》多次修订出版，并于 1946 年改名为《蜂箱与蜜蜂》陆续再版至今。此书对世界养蜂业贡献很大，是近代养蜂业的经典著作。

（三）现代养蜂

现代养蜂的标志是大规模生产、精细分工以及人工授精带来的育种技术的飞跃。

1. 养蜂业向企业化发展

20 世纪 20 年代以后，欧美一些养蜂发达国家出现了许多饲养规模在千群蜜蜂以上的大型蜂场，其用于养蜂生产的工具开始向规模化自动化发展，如电动割蜜盖机（图 2–3）、自动调温电热割蜜刀、电动辐射式摇蜜机 (图 2–4)（一次可分离几十个蜜脾）、蜜蜡分离机、吹蜂机等，以及安有装卸装置的运蜂车等成套专用机械设备，欧美的养蜂生产进入了规模化时代。另外，也开始了行业内的专业分工，伴随养蜂业的发展出现了专门制造销售蜂具的工厂、蜜蜂加工厂、销售蜂王的蜂场以及租赁授粉蜂群的蜂场等。

图 2–3　电动割蜜盖机

图 2–4　电动辐射式摇蜜机

2. 蜜蜂良种繁育和遗传育种技术

1814 年瑞士科学家最早进行蜜蜂人工授粉试验，此次试验给后人带来了有益的启示。直到 1924 年美国人 R.L. 沃森开始研究蜂王人工授精技术。他熟悉吹玻璃管技术，1927 年用微量注射器和授精装置，在体视显微镜台上，通过控制注射器的移动进行蜜蜂人工授精，取得了前所未有的成绩。因此，世界公认沃森为现代蜜蜂人工授精技术的创始人，这种技术被称为蜂王器械授精。20 世纪 40 年代蜜蜂器械授精发展到了实用阶段，为蜜蜂的遗传育种提供了有效手段。

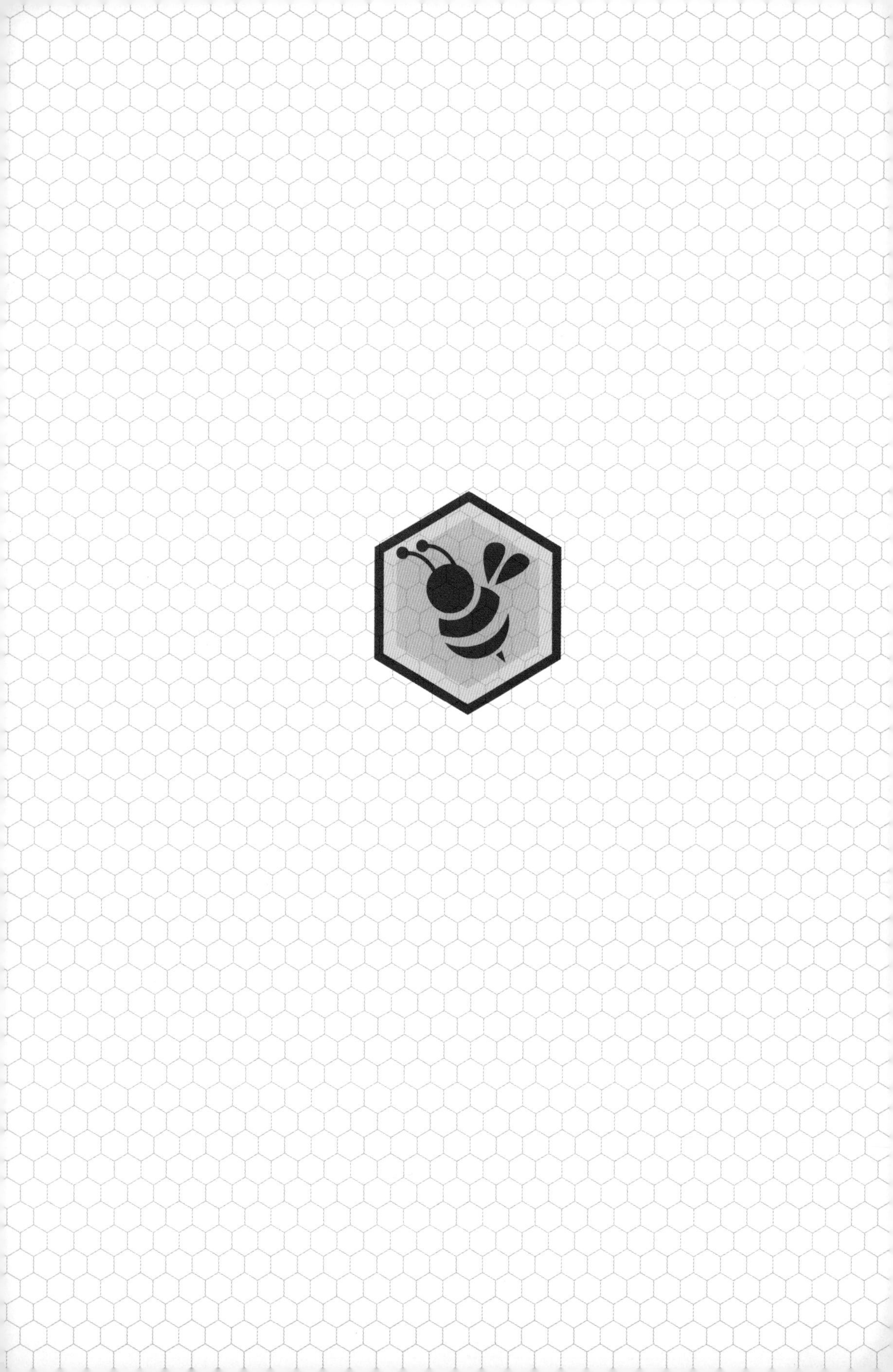

专题三

蜜蜂与人类文化

出于对蜜蜂的喜爱和赞美，在古今中外的神话传说、诗词歌赋、丹青墨宝里到处都有蜜蜂的身影。在古代，人们不吝辞藻，对蜜蜂大加赞美，很多对蜜蜂赞誉的句子也都充满了哲理。在现代，人们用更先进的手段来纪念歌颂蜜蜂，于是我们可以在博物馆里了解长长的蜜蜂历史，也可以在小小邮票的方寸之间领略蜜蜂的大千世界。

一、神话传说

神话传说是远古人类对所观察或经历的自然界或社会现象的解释说明，也反映了远古人类解释自然并征服自然的愿望。不仅如此，神话传说还是一个民族和国家宝贵的精神财富，具有很高的美学价值与历史价值。

蜜蜂是与人类关系密切的社会性昆虫。在人类发展的历史长河中，人们对蜜蜂的认识逐渐深化，并从野外采集蜂蜜，发展到饲养蜜蜂，利用蜜蜂产品，将蜜蜂融于人们的生活之中。因此，在各民族流传的神话传说中，常有蜜蜂活跃于其间，成为五彩斑斓的民族蜜蜂文化的重要组成部分。

我国蜜蜂资源丰富，自古以来，人们采集蜂蜜和蜂蜡，与蜜蜂相处，观察蜜蜂采集花蜜，蜜蜂为植物传花授粉，结出累累硕果。人与蜜蜂的活动关系，通过传世神话保留下来，成为中国养蜂史中最古老的一页。

先秦古籍《山海经》的内容主要是民间传说中的地理知识，包括山川、道里、民族、物产、药物、祭祀、巫医等。有包括夸父逐日、女娲补天、精卫填海、大禹治水等不少脍炙人口的远古神话传说和寓言故事。《山海经》第五卷《中山经·中次六经》记载："缟羝山之首，曰平逢之山，南望伊洛，东望谷城之山，无草木，无水，多沙石。有神焉，其状如人而二首，名曰骄虫，是为螫虫，实惟蜂蜜之庐。其祠之，用一雄鸡，禳而勿杀。"见图 3–1。

其意思是：缟羝山山系中头一座山叫平逢山；它是南面可以望见伊、洛二水，东边又可望到谷城山。那地方无草木，无水，有很多沙石。山中有一位神明，形状像人却有两个头，名叫骄虫，是螫虫，实际上是蜜蜂居住和酿造蜂蜜的蜂巢。祭祀它时，用一只雄鸡，只进行祈祷，无须将鸡杀死。

图 3-1　《山海经》中的骄虫

《最古的时候》是生活在云南弥勒县彝族的分支阿细人的创世神话，是用“先基”(唱歌)的形式流传的史诗。在其中“盘庄稼”一段中唱道：“黄石头里面，住着蜜蜂，那一巢蜜蜂啊，是最早盘庄稼的人。盘庄稼的时候，他们没有脚，就用翅膀当脚走；他们没有刀，就用嘴当刀使；他们没有口袋，就用肚子当口袋。庄稼盘好了，盘着回家去了。世上的人们啊，不会做活计，快去跟蜜蜂学；不会盘庄稼，快去跟蜜蜂学。”又在“男女说合成一家”一段中唱道：“蜜蜂采花的时候，脚踩着花根，手扶着花口，眼睛望着花心，用嘴巴吸花汁。最先采花的，就是蜜蜂了。”

这段寓意深刻的史诗，有其丰富的内涵，不仅说明阿细人对蜜蜂的辛勤劳动、采集花蜜观察仔细，更重要的是通过歌唱蜜蜂，号召人们学习蜜蜂，辛勤劳作。

《万万年以前》是瑶族流传的创世女祖密洛陀创造人类的神话传说。其中写道：“密洛陀跟着老鹰来到那个地方，眼前豁然开朗，心情十分舒畅。这里气候温暖如春，这里百花香气宜人，这里的土地富饶美丽，这里的山河透着精神。密洛陀看到蜜蜂在树洞做巢，飞来飞去传送花粉，个个可爱勤劳。密洛陀把树砍倒，连蜂窝一起扛回，用作造人的材料。通过观察蜜蜂，把造人的材料装入箱子内，创造出千千万万的人类男女。”

《女始祖茂充英》是怒族神话，其中“相传，在远古时代，天降蜂群，歇在怒江边的拉加底树。后来，蜂与蛇交配，又一说与虎交配，即生下怒族的女始祖茂充英。茂充英长大后，又与虎、蜂、蛇、麂子、马鹿等动物交配，生子女繁衍，即成为蜂氏族、虎氏族、蛇氏族、麂子氏族、马鹿氏族，而茂充英即成为各个氏族公认的女始祖。”因此，蜂就成为蜂氏族的图腾崇拜。这个“蜂氏族”的生活与蜜蜂休戚相关，他们以擅采岩蜜、蜂蜡和饲养中华蜜蜂、加工蜂蜡而著称。

《人的来历》中的“彭根朋娶媳妇”一节是独龙族的神话，记述了彭根朋是独龙族的第一个后生，也是独龙族的始祖。为了娶天神木崩格之女，经受了许多困难和考验，其中有“老人让他摘下蜂窝，他用烟草熏跑了蜜蜂没被蜇”一段。他娶媳妇后，高高兴兴回家，老人送给他们一个竹筒，嘱咐他们路上不要打开看。夫妻走到途中，忽然听到竹筒里嗡嗡响，他们耐不住好奇，打开竹筒，蜜蜂铺天盖地地飞出来了。蜜蜂成群飞走了，姑娘灵机一动，指蜂发令："你们在树上、崖上住，在花间、草间行。"从此蜜蜂在花草丛中采蜜，嗡嗡喧闹，独龙人要吃蜜，就在树上、崖上寻找蜂巢。

《布碌砣的传说》是壮族的神话之一。传说远古的时候，天与地紧紧重叠在一起，突然一声霹雳，天地分开，但天很低，人们去求教智慧老人布碌砣，讨教治理天地之法。布碌砣密授"顶天"之法，天地分开之后，布碌砣请求彩蝶和蜜蜂，认真听取它们的建议，造出了百花，争奇斗艳，用香花、甜蜜、美果装点五光十色的世界，天迢地遥不再相接，苦尽甜来的人们安居乐业。

《东术战争》是纳西族以神话方式叙述的一场古代部落战争，其中有一个以蜜蜂为主题的故事：米利东（古代纳西族的一个部落）料到米利术（另一部落）要来入侵，派蜜蜂去侦察。蜜蜂飞到术地的黑屋顶上，被米利术养的马蜂发现并包围。米利术把捉到的蜜蜂拷问了九遍，又诱劝了七回，蜜蜂都不搭理，术主便下毒手，把蜜蜂的舌头割掉。蜜蜂飞回后，只会"忍哩软唧"叫。从此，蜜蜂飞时只会"忍哩软唧"地叫了。

《杜鹃鸟的来历》是纳西族又一以蜜蜂为题材的神话故事：很久以前，丽江的指云寺里，有一个孤苦伶仃的喇嘛，叫杜宁，他每想到自己的父母，便十分悲伤。一只小蜜蜂来到他面前飞旋，杜宁求道："小蜜蜂，我的好朋友，你每天到处飞，可知道我的父母在哪里？"蜜蜂停在一朵花上，告诉杜宁："你的父亲被财主抓去当兵，母亲被财主奸污后，不知下落。你父亲回来，不见你们母子，便去当了长工，后来掉进金沙江淹死了。"杜宁听了小蜜蜂的话，痛哭了一阵，决心要报仇。蜜蜂看杜宁铁了心，借给他一双翅膀，他呼风唤雨，把财主连同他家的房子、家畜一齐冲到河里去了。杜宁飞到森林里，去寻找母亲，成天“阿妈，阿妈”地叫，后变成了一只杜鹃鸟。

上述两个神话故事，都是蜜蜂作为善良而坚强的使者，被人们世代传颂，并表达崇敬之情。

江苏邳州市有一处闻名遐迩的古迹，即梁王城的“九女墩”。传说在春秋战国时期，这里的梁王不养一兵一卒，只养鹅、鸭和大群大群的蜜蜂。每当外寇入侵时，击鼓为号，鹅、鸭进城躲避，蜜蜂倾巢出动专蜇敌人的面部和战马的眼睛，因此每战必胜、富甲一方。梁王生九女，一次梁王外出，叮嘱女儿们：“击鼓勿动。”女儿们出于好奇，于是击鼓蜂出。因蜜蜂未遇敌情就直飞前方，女儿们又不懂得收蜂的信号，结果蜜蜂一去不复返了。梁王见状大怒，便活埋了九个女儿。这便是今日九女墩遗址的传说。

宋初徐铉 (916—991) 所著《稽神录》记述江西临川一书生应举赶考，夜见村舍求宿。一老翁出见曰：“吾舍窄，人多，客一榻可矣。”客至其家，见屋子很小，菜肴却十分甘美，入睡时听到嗡嗡声，天亮醒来发现自己竟躺于田野，旁有一大蜂窝，蜂鸣嗡嗡。书生平素患的风湿病痊愈了，认为是蜂神所为。此虽为传说，但蜂蜇能治愈风湿病确是事实。

古希腊《伊索寓言》有则《蜜蜂和宙斯》的故事，大意为蜜蜂辛勤劳动采来的蜜往往被狗熊和人夺走，无奈，蜂王来求众神之王宙斯：“请让我们具有一种能刺死人的力量吧！”宙斯虽同情蜜蜂，但听说它要置偷蜜者于死地，认为太残忍了，于是做了如此安排：只要蜜蜂蜇了人，它们的刺就会丢失，蜜蜂的生命也就结束了。宙斯用这种方法，来告诫蜜蜂不要轻易蜇人。

二、古代文学

中华民族有着悠久灿烂的历史，我们的祖先很早就对蜜蜂和蜂蜜有了基本的认识，并通过长期养蜂实践，积累了丰富的知识和多彩的文化，这些都在古代的文学中有所记载。下面介绍一些经典的供大家欣赏，并希望通过“说明”和“注释”帮助大家更好地理解内容。

小毖

莫予荓①蜂，自求辛螫②。

【说明】摘自《诗经 · 周颂 · 小毖》。《周颂》产生于西周（前1046—前771）早期。这是“蜂”字见诸文字的最早记载。

【注释】①荓(píng)：借为“抨”，打击。②螫(shì)：毒虫刺人。全句的意思是，不要去招惹蜂，会自找刺螫。

招魂

赤螘①若象，玄蠭②若壶③些④。

【说明】摘自《楚辞 · 招魂》。楚辞是公元前4世纪在我国南方楚国出现的一种文体。《招魂》作者史无定论，有说是屈原作，有人认为是宋玉悼念屈原而作。

【注释】①赤螘：红色巨蚁。螘，同“蚁”。②玄蠭：黑色的蜂。蠭，同“蜂”。③若壶：蜂的腹部大如葫芦。壶，读作“瓠”，大葫芦。④些：古代楚地方言中的语气助词，也是巫术中的专用语。

招魂

粔籹[1]蜜饵[2]，有餦餭[3]些。瑶浆蜜勺[4]，实羽觞[5]些。

【说明】摘自《楚辞·招魂》。从文中可知，这时可以用蜜和面做主食，也能用蜜酿酒，说明战国时期食蜜已不罕见。这是蜜制食品和蜜酒的最早记载。

【注释】①粔（jù）籹（nǚ）：用蜜和米面煎熬制作的圆形饼，亦称环饼或膏环。②蜜饵（ěr）：用蜜和黍米面做成的糕饼。③餦（zhāng）餭（huáng）：饴糖。④勺：通“酌”（zhuó），斟酒，饮酒。引申为酒。《礼记·曲礼下》：“酒曰清酌。”这里指用蜜酿制的酒。⑤羽觞（shāng）：酒杯。

蜂房

刘安

夫牛蹄之涔[1]不能生鳣鲔[2]，而蜂房不容鹄[3]卵，小形不足以包大体也。

【说明】摘自刘安《淮南子·氾论训》。刘安（前179—前122）沛郡丰（今江苏丰县）人。汉高祖刘邦之孙，封淮南王。《淮南子》本名《鸿烈》，自刘向校定后称《淮南》，《隋书经籍志》始题为《淮南子》。

【注释】①涔（cén）：雨水，积水。②鳣（zhān）鲔（wěi）：鲟鱼和鳇鱼的古称。③鹄（hú）：天鹅。

𧒒、䗜

许慎

𧒒：飞虫螫人者。从䖵，逢声。䗜，𧒒甘饴也，一曰螟子。从䖵，鼏声。

【说明】摘自《说文》卷十三。许慎（约58—约147）字叔重。东汉汝南召陵（今河南省漯河市召陵区）人。其所著《说文解字》，简称《说文》，是我国第一部分析字形、考究字源的文字学经典著作。

礼记

爵、鷃、蜩、范[①]。

范则冠[②]而蝉有緌。

【说明】《礼记》，儒家经典之一，又称《小戴礼》《小戴礼记》，传为西汉戴圣编。通行本为郑玄作注、孔颖达作疏的《十三经注疏》本。

【注释】①范：蜜蜂的幼虫。②“范则冠”：摘自《礼记·檀弓下》。冠：指蜜蜂头部的触须，像戴着帽子。

买蜜合药

刘珍等

上[①]在长安时，尝与朱祐[②]共车而出，与共买蜜合药。后追念之，赐祐白蜜一石。问：“何如在长安时共买蜜乎？”

【说明】摘自《东观汉记》。以东汉藏书修史于东观而名，东汉刘珍等撰。所记之事从光武帝至灵帝。

【注释】①上：指汉光武帝刘秀。②朱祐（?—48）：东汉初将领，云台二十八将之一。

宣验记

刘义庆

元嘉元年[①]，建安郡[②]山贼百余人，掩破郡治，抄掠百姓资产子女；遂入佛图，搜掠财宝。先是，诸供养[③]俱别封一室。贼破户，忽有蜜蜂数万头，从衣簏[④]出，同时噬螫群贼；身首肿痛，两眼盲合，先诸所掠，皆弃而走。

【说明】《太平御览》《太平广记》中曾提到的《宣验记》或《灵验记》，同是一部书。作者刘义庆(403—444)，南朝宋文学家，彭城（今江苏徐州）人。宋宗室，袭封临川王。撰有《世说新语》。本文记述在存放供养的贮藏室内有蜜蜂筑窝，受到惊扰，蜜蜂群起蜇人。说明当时野生蜜蜂很多，它们随处筑窝。

【注释】①元嘉：南朝宋文帝刘义隆年号。元嘉元年系424年。②建安郡：东汉建安初县名，治所在今福建建瓯市，三国吴至隋为建安郡治所。③供养：佛教称香花、灯明、饮食等“资养三宝”为“供养”。分财供养（香花、灯明、饮食）、法供养（修行、利益众生）两种。④簏(lù)：用竹子、柳条或藤条编成的圆形容器。

姜岐

皇甫谧

姜岐，字子平，汉阳上邽人也。少失父，独与母兄居，治《书》《易》《春秋》。恬居守道，名重西州。

延熹[①]中，沛国桥玄为汉阳太守，召岐，欲以为功曹。岐称病不就，玄怒，敕督邮尹益收岐，若不起者，趣嫁其母，而后杀岐。益争之，玄怒益，挞之。益得杖，且谏曰："岐少修孝义，栖迟[②]衡庐，乡里归仁，名宣州里，实无罪状，益敢以死守之。"玄怒乃止。

岐于是高名逾广，其母死，丧礼毕，尽让平水田与兄岑，遂隐居，以畜蜂豕为事。教授者满于天下，营业者三百余人，辟州从事，不诣。民从而居之者数千家。后举贤良，公府辟以为茂才，为蒲坂令，皆不就，以寿终于家。

【说明】皇甫谧(215—282)，晋安定朝那（今宁夏固原东南）人。有《高士传》《针灸甲乙经》等，后者是现存最早的针灸专著。姜岐养蜂故事见于《高士传》。本文是我国有关蜜蜂家的最早文字记载。

【注释】①延熹：汉桓帝年号(158—167)。②栖迟：游息，隐遁。

蜜浆

陈寿

术[①]既为雷薄等所拒，留住三日，士众绝粮，乃还至江亭，去寿春八十里。问厨下，尚有麦屑三十斛。时盛暑，欲得蜜浆[②]，又无蜜。坐棂[③]床上叹息良久。

【说明】陈寿(233—297)，西晋史学家。字承祚，安汉（今四川南充北）人。晋灭吴后，集合魏、蜀、吴三国史书著作，著成《三国志》。这一段文字系该书中《袁术传》的节录。

【注释】①术：袁术，东汉汝南汝阳（今河南商水西北）人。建安二年(197)，称帝于寿春（今安徽寿县），后为曹操所破，病死。②蜜浆：蜜制清凉饮料。袁术想以蜜浆消暑，说明当时人们已经了解到蜜的生津润肺作用。③棂(líng)：指有栏杆的床。

蜜渍梅

陈寿

亮[①]后出西苑，方食生梅，使黄门[②]至中藏取蜜渍梅，蜜中有鼠矢[③]，召问藏吏[④]，藏吏叩头。亮问吏曰："黄门从汝求蜜邪？"吏曰："向求，实不敢与。"黄门不服，侍中刁玄、张邠启："黄门、藏吏辞语不同，请付狱推尽。"亮曰："此易知耳。"令破鼠矢，矢里燥。亮大笑谓玄、邠曰："若矢先在蜜中，中外当俱湿；今外湿里燥，必是黄门所为。"黄门首服，左右莫不惊悚[⑤]。

【说明】摘自《三国志·吴书三·孙亮传》。

【注释】①亮：指孙亮，孙权之子，252年继位。②黄门：宦官。③鼠矢：鼠屎。④藏吏：仓库保管人员。⑤悚(sǒng)：恐惧。

养蜂

张华

远方诸山出蜜蜡处，其处人家有养蜂者。其法以木为器，或十斛、五斛，开小孔，令绕容蜂出入。[①]以蜜蜡涂器内外令遍[②]，安着檐前或庭下。

春月，此蜂将作窠生育时[③]，来过人家围垣者，捕取两三头，便内着器中。数宿出蜂飞去，寻将伴来还，或多或少，经日渐溢，不可复数，遂停住往来，器中所滋长甚众。[④]

至夏，开器取蜜蜡，所得多少，随岁中所宜丰俭。

诸远方山郡僻处出蜜蜡。蜜蜡所着[⑤]，皆绝岩石壁，非攀缘所及，唯于山顶以槛举自悬挂下，遂乃得取采。[⑥]蜂逐去不还，余窠及蜡，着石不尽者[⑦]。有鸟，形小于雀，群飞千数来啄之。至春都尽，其处皆如磨洗。至春，蜂皆还洗处结窠如故。[⑧]年年如此，物无错乱者，人亦各怀各占其平处，谓之蜡塞。鸟谓之灵雀[⑨]，捕搏终不可得也。

【说明】《博物志》作者张华(232—300)，西晋大臣，文学家。字茂先，范阳方城（今河北固安南）人。后人辑有《张司空集》。

【注释】①“以木为器”句：器，指蜂窝，把大木头中间掏空了做蜂窝。开小孔：是把蜂巢钻几个小孔作为蜜蜂出入的巢门。②“以蜜蜡涂器内外”句：意思是把空蜂窝内外涂上蜜蜡，用这个办法招引分蜂群到里面居住。这种引诱分蜂群的办法，野生中蜂多的地区，至今仍广泛使用。谚云：“养蜂不用种，只要勤做桶。”到中蜂发生自然分蜂的季节，把蜂窝（箱）放置在每年自然分蜂的地方，就有分蜂群钻到蜂窝（箱）里居住。③“春月”句：春季蜜蜂繁殖期，将发生自然分蜂。④“捕取”两句：捕捉两三只觅巢的侦察蜂放在蜂窝内，它飞出后，会引回很多蜜蜂，然后就会有分蜂群来这个蜂窝里居住。⑤“蜜蜡所着”：指产蜜的地方，即蜂窝。⑥“皆绝岩石壁”句：指蜂窝在悬崖峭壁，人难攀登，只能在山顶用绳子系好筐垂至蜂窝处采取。由此可知：公元200至公元300年间，我国劳动人民猎取野生蜂蜜的现象是很普遍的。那时栖息于平原丘陵的野生中蜂已经很少，只有住在人迹罕至的“绝岩石壁”和密林深处的野生中蜂还能够生存。⑦“着石”句：指人们用烟熏走蜜蜂之后，把蜜、蜡连同幼虫等全都掏走。蜂窝里的石头上只剩下些余蜡（巢脾）。⑧“至春”两句：到春天蜂又飞回来了。究竟是原来的蜂群又飞回它的原窝里，还是分蜂群飞进这个窝里来住，不敢肯定。

但从这一段文字中看出：一是猎取野生蜂蜜在秋季，有季节性。二是这个地区的中蜂有飞迁习性。我国南方（广东、湖南、云南）有些地区的中蜂性若候鸟，秋末飞到平原居住，春末飞到山区生活。中蜂这种飞迁习性，与旧法养蜂用烟熏蜜蜂取蜜的方式有关。有的地区改用活框蜂箱，采用新法管理之后，改变了中蜂的飞迁习性。⑨灵雀：《本草纲目》，“灵雀者，小鸟也。一名蜜母，黑色。正月则至崖石间寻求安处，群蜂随之也。南方有之。”北方也有这种鸟，俗称“四四黑”。它们能把残留在石板上的蜂窝啄食干净，冬季就到蜂窝边觅食蜂尸。啄食蜂尸时，将蜂背啄个洞，只取食其中的肌肉。

蜜房

左思

丹砂赩炽出其阪①，蜜房郁毓被其阜②。山图采而得道③，赤斧服而不朽④。

【说明】摘自《蜀都赋》。左思（约250—约305），字太冲，齐国临淄（今山东淄博）人。西晋文学家。

《蜀都赋》主要描写蜀地山川风物。这一段说丹砂满山坡，蜂窝遍山野，服用仙丹、蜂蜜可以使人延年益寿。从中可见晋代蜀地野生中蜂很多。

【注释】①“丹砂”句：丹砂，即朱砂。赩（xì），红色。炽（chì），火旺盛，形容石砂色红如火。阪（bǎn），山坡。②“蜜房”句：蜜房，即蜂窝。郁毓，盛多。被，覆盖。阜，山地。③“山图”句：山图，传说中的仙人。传为陇西人，汉刘向《列仙传》有记载。得道，成仙。④“赤斧”句：赤斧，传说中的蜀地仙人。不朽，长生不老。

蜜蜂赋

郭璞

嗟，品物之蠢蠢[1]，惟贞虫[2]之明族。有丛琐之细蜂，亦策名于羽属[3]。近浮游于园荟，远翱翔乎山谷。[4]爰翔爰集[5]，蓬转飚回[6]。纷纭雪乱，混沌云颓。[7]景翳耀灵，响迅风雷。[8]尔乃眩猿之崖，下林天井。青松冠谷，赤萝绣岭，无花不缠，无陈不省。吮琼液于悬峰，吸霞津乎晨景。[9]于是回鹜林篁，经营堂窟。[10]繁布金房，叠构玉室。[11]咀嚼华滋，酿以为蜜。[12]自然灵化，莫识其术！

散似甘露，凝如割肪。[13]水鲜玉润，髓滑兰香[14]。穷味之美，极甜之长。百药须之以谐和[15]，扁鹊得之而术良[16]，灵娥御之以艳颜。

尔[17]乃察其所安，视其所托。恒据中而虞难[18]，营翠微而结落。应青阳而启户 ，徽号明于羽族，阖卫固乎管钥[19]。诛戮峻乎斧钺[20]，招征速乎羽檄[21]。集不谋而同期[22]，动不安而齐约[23]。大君以总群民，又协气于零雀。每先驰而茸宁，番岩穴之经略。

【说明】摘自《渊鉴类函》卷四四六，虫豸部二。本篇作者郭璞(276—324)，字景纯，晋代文学家、训诂学家。河东闻喜（今属山西）人。后人辑有《郭弘农集》。

【注释】①蠢蠢：形容蜂窝里成千上万只蜜蜂，密密麻麻地在巢脾上爬动。②贞虫：古代的人认为蜜蜂不交配，因此称它们为贞虫，对于工蜂来说是对的。但是，处女王出房 5 ～ 6 天之后，必须和雄蜂交配，否则所产的卵，孵育出来全是雄蜂。③羽属：古代泛指会飞翔的动物。④“近浮游”句：不只附近园子里花木间有蜜蜂飞翔，就是很远的山谷树林的花朵上也有蜜蜂在上面翱翔。⑤爰翔爰集：描写蜜蜂从这一朵花飞往另一花上采集和把采集的花粉放到后足花粉篮里的动作。爰(yuán)：助词，于是。⑥蓬转飚回：形容蜜蜂满载而归，像疾风似的飞回蜂窝。⑦“纷纭”句：描绘发生自然分蜂时，蜜蜂在天空飞翔，好像纷飞的雪花，犹如进入混沌的云雾之中。⑧“景翳”句：天空中的蜜蜂把太阳遮盖住了，飞翔声大如雷。翳(yì)：遮盖。树林荫翳。⑨“吮琼”句：描写蜜蜂早晨飞到“青树冠谷，赤萝绣岭”“悬峰”等处采蜜的情况。吮(shǔn)：吮吸，这里指聚拢嘴唇吸取花蜜。⑩“于是”句：形容蜜蜂携带蜜和花粉飞回竹林中的蜂窝里。骛(wù)：奔驰，指极速往返于花丛与蜂窝间。窟：洞穴。⑪“繁布”句：指一个挨一个的巢房，一层一层的巢脾。⑫“咀嚼”句：指花粉经过蜜蜂的咀嚼，成为酿蜜的原料。⑬“散似”句，甘露，液态的蜂蜜；肪，脂肪。形容结晶的蜂蜜。⑭冰鲜玉润，髓滑兰香：描写蜂蜜的色泽和香味。⑮“百药”句：意思是蜂蜜是配制中药丸的必需品，可以谐和药性，提高疗效，保持药丸柔软。⑯“扁鹊”句：是说扁鹊有了蜂蜜，他的医术就更精良了。扁鹊，战国时医学家，渤海郡鄚（今河北任丘）人。⑰尔：指蜂王。⑱“恒据”句：形容蜂王始终居于蜂群的中心地位，考虑、指导一切。⑲“阍卫”句：指守卫的蜜蜂似管钥匙的门卫坚守巢门，防备外来的盗蜂。“阍”（hūn）：司阍，看门的人。⑳“诛戮”句：作者认为蜂王对犯了错误的蜜蜂，该杀就杀，铁面无情。其实，并不是本群的蜜蜂犯了什么罪被蜂王“诛戮”，而是盗蜂钻进蜂窝，被本群的守卫蜂咬死后拖出巢外。峻（jùn）：严厉。严刑峻法。钺（yuè）：古代兵器，形状像斧，比斧大些。㉑“招征”句：蜂王迅速地下达命令，群蜂立即响应。檄（xí）：檄文，古代用于征召或声讨等的文书。羽檄：犹羽书。《汉书·高帝纪下）：“吾以羽檄征天下兵。”颜师古注：檄者，以木简为书，长尺二寸，用征召也，其有急事，则加以鸟羽插之，示速急也。作者早在1600年前就发现蜂王对于本群的蜜蜂有“征召”的办法。但他不知道不是蜂王有什么“羽檄”，而是工蜂腹部第七腹节背板上缘有一个能分泌挥发物质的臭腺（纳沙诺夫腺），这种臭味是召集本群蜜蜂迅速返巢的信号。如蜂群发生自然分蜂结团之后，暴风雨到来之前，有一部分工蜂在蜂团外、巢门前翘起尾部发臭，飞翔的蜜蜂闻到这种气味，即迅速地飞到蜂团或蜂箱内。㉒“集不”句：指（蜜蜂）不约而同地一起活动。因为，无论青年蜂出巢试飞还是外勤蜂出巢采集都是很多蜜蜂同时进行。前者受日龄（出房10天左右）和天气（晴暖的中午）所影响；后者与蜜源植物开花泌蜜的对间和侦察蜂召唤有关系。㉓“动不”句：描写蜂群受到震动，惊扰时的情况。旧式蜂窝里饲养（包括野生）的中蜂，受到震动或惊扰时，全群蜜蜂停止活动，头朝同一方向，全群一致发出一种“唰唰”的声音。中华蜜蜂过箱以后，采用新法管理，开箱检查蜂群时，只要提、放巢脾动作轻，不挤、压死蜜蜂，过一两个月之后，这种行为即可改变，蜂王照常产卵，工蜂照常工作。

蜜岩

姚思廉

（傅昭）为智武将军、临海[①]太守。郡有蜜岩，前后太守皆自封固，专收其利。昭以周文[②]之囿，与百姓共之，大可喻小，乃教勿封。

【说明】摘自《梁书·傅昭传》。作者姚思廉(557—637)，唐初史学家，名简，以字行，撰《梁书》56卷。

【注释】①临海：郡名，三国吴置。故城在今浙江省临海县东南，境辖今浙江象山港以南，天台、缙云、丽水、龙泉等以东地区。临海郡境内有蜜岩，说明野生蜜蜂之多。由于蜜源植物减少和毁蜂取蜜的落后管理方式，蜜蜂逐渐减少以至绝迹。但是，我国目前仍有蜜岩。在甘肃与四川交界的秦岭，蜜粉源植物丛生，野生中蜂很多。据当地人介绍，天水、利桥之间有一条名叫蜜槽沟的山沟。这一带中蜂很多，每年夏季烈日直晒，山岩上的蜂窝就顺石缝流蜜，人们可以用它蘸馍吃。②周文：即周文王。傅昭认为周文王的花园可供百姓观赏，自己所辖蜜岩也可与民共享。

白蜜

李延寿

永明十年，（陶弘景）脱朝服挂神武门，上表辞禄。诏许之，赐以束帛，敕所在月给茯苓五斤，白蜜二斤，以供服饵。

【说明】摘自《南史·隐逸传》。李延寿，唐代史学家。字遐龄，相州（今河南安阳）人。本文系《南史》中陶弘景传的节录。

【注释】陶弘景（456—536）为南朝齐梁间著名道士、医药学家、炼丹家。字通明，丹阳秣陵（今南京）人。曾整理《神农本草经》，并增收魏晋名医用药，成《本草经集注》7卷。另著有《真诰》《陶氏效验方》《补阙肘后百一方》等。他约在20岁前，被齐高帝引为诸王侍读。永明十年（492）辞官隐居炼丹。赐给他的白蜜，为炼丹时不可或缺之物。

蜜岭

李延寿

郡①有蜜岭及杨梅，旧为太守所采。昉②以冒险多物故，即时停绝。

【说明】摘自《南史·任昉传》。作者介绍见《白蜜》。这段史料记述新安郡内山区野生中蜂很多，其蜜被太守视为专利。

【注释】①郡：指新安郡，故城在今浙江淳安县西。晋初境辖相当于今浙江淳安以西，安徽新安江流域一部分及江西婺源等地。②昉：即任昉(460—508)，南朝梁文学家，字彦昇，乐安博昌（今山东寿光）人。梁武帝时为黄门侍郎，出任义兴、新安太守。明人辑有《任彦昇集》。

蜂丈人

李翱

有蜂丈人[①]者，与高祖[②]同年、月、日、时生。上闻召而之曰："尔何业？"对曰："养蜜。"上曰："能赡生[③]乎，尔蜜几何？"对曰："十五桶。臣当冬月割蜜，割蜜必先计其三冬之食足而后割取之[④]，故臣之蜜日蓄，臣之生自赡。"上善其言而遣之。

【说明】摘自《卓异记》。作者李翱(772—836)，唐代散文家、哲学家。《新唐书·艺文志》认为《卓异记》的作者是陈翱。书中多记唐代盛事，故题名"卓异"。

【注释】①丈人：古代对老人的尊称。②高祖：指唐高祖李渊。③赡(shàn)生：赡，供给，供养。赡生，养活自己。④"臣当冬月"句：蜂丈人割蜜时留足越冬蜜蜂食用蜂蜜，有利于蜜蜂繁殖发展，所以蜜蜂繁盛。

终南采蜜

道世

终南山大秦岭竹林寺，贞观[①]初，采蜜人山行，闻有钟声，寻而往至焉。寺舍二间，有人住处，傍大竹林可有二顷。其人断二节竹以盛蜜，可得五升许，两人负下寻路而至大秦戍具告防人……蓝田僧归真闻之便往，至小竹谷，北上望崖，失道[2]而归。

【说明】摘自《法苑珠林》。作者道世，俗姓韩，字玄恽。原籍伊阙（今河南伊川西南），久居长安（今陕西西安）。唐高宗总章元年(668)撰成佛教类书《法苑珠林》100篇。通过这段记载可知，当年山野间蜂多蜜多，有人专门寻踪采蜜。从蓝田僧失道而归，可以想见山高林密，适合蜜蜂生存。

古籍中有关僧人养蜂的记载较多，这是因为大部分寺庙建筑在远离人烟的山林间，环境幽静，蜜粉源植物丰富，有利于蜜蜂生存和繁衍。

【注释】①贞观：唐太宗年号(627—649)。②失道：找不见路。

蜜唧

张鷟

岭南獠民好为蜜唧，即鼠胎未瞬，通身赤蠕者，饲之以蜜，饤之筵上，嗫嗫而行。以筋挟取啖之，唧唧作声，故曰蜜唧。

【说明】摘自《朝野佥载》。作者张鷟（658—约730），唐代文学家。字文成，自号浮休子，深州陆泽（今河北深州市）人。

蜂王

张鷟

蜂王献蜜，纷飞紫绀之楼；龙女持花，出入珊瑚之殿。

【说明】摘自《文苑英华·沧州弓高县实性寺释迦像碑》。作者介绍见《蜜唧》，“蜂王”一词首见于本文。

赋得寒蜂采菊蕊

耿沣

游扬下晴空，寻芳到菊丛。

带声来蕊上，连影在香中。

去住沾余雾，高低顺过风。

终惭异蝴蝶，不与梦魂通。

【说明】耿沣，唐诗人，字洪源，河东（今山西永济西）人。唐代宗“大历(766—779)十才子”之一。明人辑有《耿沣诗集》。

禽虫

白居易

蚕老茧成不庇身，蜂饥蜜熟属他人。须知年老忧家者，恐是二虫虚苦辛。

【说明】作者白居易(772—846)，唐诗人。字乐天，晚年号香山居士。祖籍太原，后迁居下邽（今陕西渭南北）。其诗语言通俗，明白晓畅。有《白氏长庆集》。禽虫诗共十二章，此段为其中一章。

虫豸诗·蜂①

元稹

梨笑清都月，蜂游紫殿春。

构脾分部伍②，嚼蕊奉君亲③。

翅羽颇同类④，心神固异伦⑤。

安知人世里，不有螟人人。[6]

【说明】作者元稹(779—831)，唐诗人，字微之。河南洛阳人。与白居易友善，常相唱和，世称“元白”，撰有《元氏长庆集》。《虫豸诗·蜂》诗共三首，本诗为第二首。

【注释】①蜂（gé）蜂，一种比蜜蜂大的毒蜂。在第一首中有描述。作者在第二首诗中描绘的是蜜蜂，不是蜂蜂。②“构脾”句：指造的巢脾一层一层的，很整齐。③“嚼蕊”句：形容蜜蜂把花粉粒嚼碎奉养蜂王。蜂王不直接吃花粉，可是又离不开花粉，因为没有花粉哺育蜂不能分泌王浆，哺育蜂不喂给王浆，蜂王就不能产卵。④“翅羽”句：意思是说，从许多只蜜蜂的外表上看，好像都是同类。⑤“心神”句：伦，类，同类；异伦，不同类。古代认为蜜蜂和细腰蜂都是由螟蛉变成的。作者也沿用了这种说法。实际上是细腰蜂把卵产在螟蛉体内，卵孵化成幼虫后，以螟蛉的体液为食。螟蛉死后，过些日子细腰蜂从它的体内钻出。在科学不发达的古代，把这一现象说成是螟蛉变成细腰蜂。“育义子曰螟蛉”的说法，在我国流传了千百年。⑥“安知”句：作者用这两句话比喻人世里那些损人利己的人。

赠牛山人[1]

贾岛

二十年中饵茯苓，致书[2]半是老君经。

东都旧住商人宅，南国新修道士亭。

凿石养蜂休买蜜，坐山秤药不争星。[3]

古来隐者多能卜，欲就先生问丙丁[4]。

【说明】摘自《全唐诗》卷五七四。作者贾岛（779—843），唐诗人，字阆仙，范阳人。曾为僧，后还俗。其诗刻意求工，著有《长江集》。

【注释】①“牛山人”，《全唐诗》原注牛“一作刘”。②书:《全唐诗》原注“一作身”。③“凿石”句：是指在山坡上凿一石洞养蜂，洞大口小，洞口用泥封严，仅留一两个小孔。敞着的石洞蜜蜂不会进入居住。从这句诗中看出：贾岛出家的地方蜜粉源植物丰富；这个庙里的僧人也养蜂，因此就“休买蜜”了，坐山：居住在山。星：枰杆上的星。意即山上产药，给人多少不必计较。④丙丁：原指火日。《吕氏春秋》有“孟夏之月……其日丙丁”一说，后来以丙丁代称火。朋友间通信有秘密，结尾注上“付于丙丁”，暗示用火烧了。这里引申为探讨人生奥秘。

蜂

李商隐

沙苑华池烂熳通①，后门前槛思无穷②。

宓妃腰细才胜露③，赵后身轻欲倚风④。

红壁寂寥崖蜜尽，碧帘迢递雾巢空。⑤

青陵粉蝶休离恨，长定相逢二月中。⑥

【说明】李商隐（约813—约858），唐诗人。字义山，号玉谿生。原籍怀州河内（今河南沁阳）。有《李义山诗集》。

【注释】①“沙苑”句：蜜蜂飞到沙苑去采蜜、采花粉，飞到华池去采水。沙苑：地名。在陕西大荔县南洛、渭两水之间，东西40千米，南北15千米，地多蜜源植物。华池：《水经注》云“地方三百六十步。在夏阳（今陕西韩城市）城西北四里许”。烂熳：同烂漫，色彩鲜丽。②“后门”句：

蜂窝后面的小门。前槛：蜂窝前面的巢门。思无穷：作者观察了蜜蜂采集情况和蜂窝内外构造，引起了许多联想。③“宓妃”句：作者把采集蜂比喻为腰肢纤细的宓妃，身上沾满花粉和露水。宓妃：伏羲氏女，相传溺死洛水，遂为洛神。④“赵后”句：赵后指赵飞燕，汉成帝后，因体态轻盈，善歌舞，故称“飞燕”。作者将蜜蜂比作临风飞舞的美人。⑤“红壁”句：这两句描写蜂窝里的蜜脾被割净，蜜蜂全部飞逃后的冷落情景。⑥“青陵”句：青陵即青陵台。《搜神记》：“宋康王舍人韩凭，娶妻美，康王夺之。凭怨，王囚之，凭自杀。妻乃阴腐其衣，王与之登台，妻自投台下，左右揽之，衣不中手而死。”《山堂肆考》：“俗传，大‘蝶’必成双，乃韩凭夫妇之魂。”作者引青陵粉蝶故事描写蜜蜂飞逃，到第二年二月（农历）中再飞回来。

蜂

罗隐

不论平地与山尖，无限风光尽被占。

采得百花成蜜后，为谁辛苦为谁甜。

【说明】作者罗隐(833—909)，字昭谏，自号江东生。杭州新城（今浙江富阳西南）人。著有诗集《甲乙集》。从这首诗可知当时野生蜜蜂很多，不论平地与山尖，到处都有。

开蜜

韩鄂

六月：开蜜以此月为上，若韭花开后，蜂采则蜜恶而不耐久。

【说明】摘自《四时纂要·夏令·六月》。作者韩鄂，唐末五代之际人，生平不详。《四时纂要》共五卷，698条，分四时按月列举农家应做事宜。多采《氾胜之书》《四民月令》《齐民要术》《山居要术》《保生月录》《地利经》等书，有一部分是实践经验。内容以农业生产为主，兼及农副业加工制作、器物制作与保管、教育与文化及占卜、择吉等。《四时纂要》，初刻于宋太宗至道二年(996)。在中国原书已佚。日本山本书店据明万历十八年朝鲜刻本而出版过影印本。1981年，中国农业出版社出版了缪启愉的《四时纂要校释》。

“开蜜”，这段文字说明，蜜蜂酿蜜随主要蜜源植物不同，蜜的色味略有差异，如黄连花味苦，槐花、荞麦、荔枝等色味各异。韭菜有恶臭味，开花期花粉、泌蜜也都有韭菜臭味，而且蜜的质量差，不能久储。

蜂赋

吴淑

伊丑[①]螸之纤虫，有土木之殊类[②]。既号蠓螉，亦名蚴蜕。[③]当春和之生育，以蜡蜜而涂器，苟数蜂之可获，则举群而悉至。[④]附贯萌之车上，果见诛夷。[⑤]集袁氏之船中，旋闻败溃。[⑥]垂芒而常欲螫，有毒而岂宜无备。房纳卵而不容，窠喻钟而酷似。[⑦]或以集岩壁而见采，或以食田苗而见沴。[⑧]结庐于逢山之侧，逐贼于建安之地[⑨]。或记细腰之状，或骇若壶之异。军旅当诫于事先，怀袖卒惊于意外[⑩]。或焚胡苏而见杀，或画旌旗而表瑞[⑪]。吐口中而为戏，仙客何神？[⑫]缀衣上以兴谗，伯奇何罪？[⑬]

【说明】作者吴淑(947—1002)，字正仪。润州丹阳（今属江苏）人。曾参与编修《太平御览》《太平广记》《文苑英华》等。著有《字义》《江淮异人录》等。撰有《事类赋》，分为天、岁时、地、宝货、乐、服用、什物、饮食、禽、兽、草木、果、鳞介、虫等十四部，又一百目，每目为一字，每字作一赋。叙古往之事，论万物之理。《蜂赋》即其中之一目。

【注释】：①伊丑：伊，指会蜇人的蜜蜂。丑，同“俦”类。②“有土木”句指蜜蜂居住的地方不同，有的在土穴里营巢，有的在树洞里营巢。③“既号”句：蠓螉、蜐蜕都是细腰蜂的别名，与蜜蜂无关。蠓螉其小者谓蠮螉。④“当春和”句：描写古代以蜜涂器收取蜜蜂的方法。作者认为如果获取几只蜜蜂，就可收取全群。其实，只有捕捉到觅巢蜂时，才有可能举群而至。蜂群发生分蜂热后，有侦察蜂外出觅巢。有经验的养蜂人可以识别觅巢蜂，并把几只捉住放在蜂窝里，其他蜂可随之而来。⑤“附贾萌”句：典出《后汉书》，豫章太守贾萌举兵欲诛王莽，有蜂飞附萌车衡，丰谏以不祥之征，萌不从，果见杀。⑥“集袁氏”句典出《晋书》：袁谦为高凉太守，途中有蜜蜂蔽日而下，谦甚恶。明日遇大风沙，天地晦合，遂没海中。⑦“房纳”句：《淮南子·氾论训》有“蜂房不容鹄卵”之说，意思是蜂房小得容不下鹄（天鹅）卵。蜂窝的形状特别像钟。⑧“或以”句：据《广五行记》，“秦昭王委政于太后弟穰侯。穰侯用事，山木尽死，蜂食人苗稼，时大饥，人相食。穰侯罢免归第。”古人误以为蜜蜂取食庄稼。实际是蜜蜂采花授粉有利庄稼增产丰收。沴(lì)：旧时指天地四时之气不和而发生的灾害。⑨“逐贼”句：见《宣验记》，建安郡山贼百余人，抢掠百姓及庙宇，蜜蜂自衣筐中飞出，群起螫贼，贼弃物而逃。⑩“怀袖”句：典出《晋书》，“猛虎在山，荷戈而出，凡人能之；蜂虿发于怀袖，勇夫为之惊骇。”⑪“或画”句：据晋王嘉《拾遗记》记载，周武王东伐纣，夜梦大蜂状如丹鸟，飞集王舟。因以鸟画其旗，翌日灭纣。

即以蜂为吉兆，名其旗为蜂旗，其船为蜂舟。⑫“吐口中”句：故事见《搜神记》。三国时，道士葛玄与客人一起吃饭，表演了一幕仙术：从口中吐出饭来都变成了蜂，但不蜇人。过了一会儿，又飞回口中，嚼食的仍是饭。⑬“缀衣”句：典出《列女传》。尹吉甫的儿子伯奇对后母很孝顺，但后母却设计加害他，将蜂系在身上，伯奇想帮助取下，她却诬陷伯奇调戏她，伯奇含冤自杀而死。

记蜂

王禹偁

商於[1]元和寺多蜂，寺僧为予言之事甚具[2]。予因问：“蜂之有王，其状何若？”曰：“其色青苍，差大于常蜂耳[3]。”问：“何以服其众[4]？”曰：“王无毒[5]，不识其他。”问：“王之所处[6]？”曰：“窠之始营，必造一台，其大如栗，俗谓之王台。王居其上，日生子其中，或三或五，不常其数。王之子尽复为王矣[7]，岁分其族而去[8]。山甿[9]患蜂之分也，以棘刺于王台，则王之子尽死，而蜂不拆矣。”又曰：“蜂之分也。或团如罂，或铺如扇，拥其王而去。[10]王之所在，蜂不敢螫[11]，失其王则溃乱不可向迩[12]。凡取其蜜不可多，多则蜂饥而不蕃；[13]又不可少，少则蜂惰而不作。[14]”

予爱其王之无毒似以德，而王者又爱其王之子尽复为王，似一姓一君上下有定分者也；又爱其王之所在，蜂不敢螫，似法令之明也；又爱其取之得中，似什一而税也。至于刺王之台，使绝其息，不仁之甚矣。故总而记云。

【说明】摘自《小畜集》卷十四（上海商务印书馆缩印校抄本）。作者王禹偁(954—1001)，字元之。北宋文学家。济州巨野（今属山东）人。著有《小畜集》。

文中的高僧，用简短的25个字，把蜜蜂盛衰和产蜜多少的相互关系讲得如此透彻，在一千多年前，用旧式蜂窝饲养的中华蜜蜂，能有这样的认识是难能可贵的。在采用新法养蜂的现在，这篇文章仍有参考价值。

【注释】①商於(wū)：地名，在今河南省淅川县西南。②具：详细。③差：略。常蜂：一般蜂，即工蜂。④“何以”句：意思是蜂王用什么办法使一般蜜蜂都服从它。⑤王无毒：是说蜂王没有螫针或没有毒汁。这一点并不完全正确，蜂王既有螫针，又有毒汁。可是蜂王很少蜇人，“王无毒”对于人来说还可以。但是，两只蜂王做殊死搏斗时，一只蜂王能用螫针将另一只蜂王刺死，偶然也有两只蜂王互蜇而同归于尽的现象。尤其是蜂王用螫针对付王台里即将出房的幼王时，蜂王把王台中间咬一个洞，用螫针把王台里的幼王蜇死。幼王死后，工蜂将王台咬毁，把幼王的尸体拖出巢外。在蜂群管理工作中，根据这种现象可判断这一群蜂已经有分蜂意图，但还没有形成分蜂热。及时采取加脾、加巢础框，扩大蜂巢或及时取蜜等办法，为蜂王扩大产卵创造有利条件，可以预防或解除分蜂热。⑥王之所处：蜂王住在什么地方。⑦“王之子”句：指蜂王的后代都是蜂王。这是寺僧不全面的认识。⑧“岁分”句：一年分一次蜂。其实不尽然。⑨山甿：即山里的老百姓。甿，同“氓”，古代对老百姓的称呼。⑩“或团”句：罂，大腹小口的瓶或坛子。“如罂、如扇”都形容分蜂群结的团。分蜂群落在细树枝上结的蜂团下垂“如罂”；落在树干或建筑物上结的蜂团面积较大“如扇”。“拥其王而去”是分蜂的基本条件。分蜂群都有蜂王，无王则不分。如果分蜂时蜂王没有跟着飞出，蜜蜂便不结团，或者结团不久就返回原蜂群。⑪“王之所在”句：是说有蜂王的蜂群蜜蜂不随便蜇人。这是因为蜂团结得好，工蜂不乱飞；另外，分蜂群的工蜂蜜囊里都储满了蜜，尾部弯曲有困难，因此很少蜇人。⑫“失其王”句：分蜂群失去蜂王，工蜂就四处乱飞，容易蜇人，人们就不敢靠近蜂群。向迩：靠近。⑬“凡取”句：意思是说取蜜时不能过多，蜂窝里留蜜太少，对蜂群繁殖不利，甚至全群飞逃或饿死。⑭“又不”句：取蜜时，蜂窝里留蜜过多，则影响蜂王产卵。而且，工蜂采回蜜无处储存，就会开始怠工，不出去采蜜。

芋治螫

沈括

处士[①]刘易隐居王居山，尝于斋中见一大蜂罥[②]于蛛网，蛛搏之，为蜂所螫坠地。俄顷，蛛鼓腹欲裂，徐行入草，蛛啮芋梗微破，以疮就啮处磨之，良久，腹渐消，轻躁如故。自后人为蜂螫者，挼芋梗傅[③]之则愈。

【说明】摘自《梦溪笔谈》。作者沈括(1031—1095)，北宋科学家，政治家。字存中，杭州钱塘（今浙江杭州人）。著作甚丰，现仅存《梦溪笔谈》《良方》等数种。

【注释】①处士：旧指有才德而隐居不做官的人。②罥(juàn)：挂。③傅：通“敷”。

蜜酒歌（并叙）

苏轼

西蜀道士杨世昌[①]善作蜜酒[②]，绝醇酽[③]。余既得其方，作此诗以遗[④]之。

真珠为浆玉为醴[⑤]，六月田夫汗流泚。

不如春瓮自生香，蜂为耕耘花作米。

一日小沸鱼吐沫，二日眩转清光活。

三日开瓮香满城，快泻银瓶不须拨。

百钱一斗浓无声，甘露微浊醍醐[6]清。

君不见南园采花蜂似雨，天教酿酒醉先生。先生年来穷到骨，问人乞米何曾得。世间万事真悠悠，蜜蜂大胜监河侯[7]。

【说明】摘自《集注分类东坡先生诗》卷二十四。作者苏轼(1037—1101)，宋代文学家、书画家。字子瞻，又字和仲，号东坡居士。眉州眉山（今四川眉山）人。散文、诗词、书画均有极高成就。其文为“唐宋八大家”之一，书法则在“宋四家”之列。

据苏轼赠杨道士书帖可知，此诗是作者谪居黄冈，杨世昌自庐山来看望他，并教以酿蜜酒法时之作，时为元丰六年(1083)五月八日。

【注释】①杨世昌：苏轼叙自注杨世昌，字子京，系绵竹（今属四川）武都山道士。苏轼称赞他“其人善画山水，能鼓琴，晓星历，通知黄白药术，可谓艺矣”。②蜜酒：即蜂蜜酒，始于西周。是在猿酒的启发下试酿成功的。到了唐代，药学家苏恭从酿造中得出了“凡作酒醴须曲，而葡萄、蜜等酒独不用曲”的自然发酵经验。唐代孟诜在《食疗本草》中阐述了蜂蜜酒的食疗价值，苏东坡有诗云：“巧夺天工术已新，酿成玉液长精神。迎宾莫道无佳物，蜜酒三杯一醉君。”③绝醇酽：绝，极，最。醇(chún)，酒质醇厚。酽(yàn)，浓，味厚。④遗(wèi)：给予，赠送。⑤醴(lǐ)：甜酒。⑥醍(tí)醐(hú)：多指由奶酪加工的精致食品，也指美酒。作者赞赏自己用蜂蜜酿的酒味道清香。⑦监河侯：典出《庄子·外物》。庄周家贫，故往贷粟于监河侯。这里蜜蜂酿蜜，可酿蜜酒，就不用借贷粮食了。

安州老人食蜜歌

苏轼

安州老人心似铁，老人心肝小儿舌[①]。

不食五谷惟食蜜，笑指蜜蜂作檀越[②]。

蜜中有诗人不知，千花百草争含姿。[③]

老人咀嚼时一吐[④]，还引世间痴小儿。

小儿得诗如得蜜，蜜中有药治百疾。

正当狂走捉风时[⑤]，一笑看诗百忧失。

东坡先生取人廉，几人相欢几人嫌。

恰似饮茶甘苦杂，不如食蜜中边甜。[⑥]

因君寄与双龙饼[⑦]，镜空一照双龙影。

三吴六月水如汤，老人心似双龙井。[⑧]

【说明】摘自《集注分类东坡先生诗》卷二十四，上海商务印书馆版。苏轼此诗作于元祐五年(1090)。安州老人即僧仲殊。仲殊，字师利，俗姓张，名挥。《吴郡志》称他为承天寺僧，是苏轼的好友。他所食皆蜜，苏轼称他“蜜殊”。详见陆游《老学庵笔记》。

【注释】①小儿舌：指老人像小孩一样爱吃蜜甜食。②檀越：施主。僧人对向寺院施舍财物、饮食者的尊称。③“蜜中”句：仲殊工于写诗，有《宝月集》（今不传），但是，当时了解他的人不多，故云。④时一吐：指吐诗。意思是蜜蜂采千花百草酿成蜜，仲殊食蜜化作诗。⑤“正当”句：中蜂有弃巢飞逃的习性。仲殊发现蜜蜂离巢，急步追赶捉蜂，但蜂已高飞，只能望蜂兴叹，一笑解忧。“捉风”：有几个版本作“捉蜂”，从全文看“捉风”较费解。《后汉书》有“如中风狂走尔”之句，用“捉风”者是否取意于此，存疑。⑥“恰似”句：饮茶虽有苦有甜，但不如蜜甜。荼：古通茶。苦菜。《诗》云：“谁谓荼苦，其甘如荠。”⑦双龙饼：团茶。⑧“三吴”句：三吴，古地区名，解释有三。这里泛指南方，夏季炎热，可是老人食蜜之后，心似双龙井水那样清凉。

收蜜蜂

苏辙

空中蜂队如车轮，中有王子蜂中尊。①

分房减口未有处，野老解与蜂语言。②

前人传蜜延客往，后人秉艾催客奔。③

布囊包裹闹如市，坌入竹屋新且完。④

小窗出入旋知路，幽圃首夏花正繁。⑤

相逢处处命俦侣，共入新宅长子孙。⑥

今年活计知尚浅，蜜蜡未暇分主人。⑦

明年少割助和药，惭愧野老知利源。⑧

【说明】这首诗的写作年代不详，收入苏辙的《乐城后集》。作者绘声绘色地描绘了分蜂、收蜂的过程，从中可知，迨至宋代，我国家养中蜂已经有相当丰富的经验。

【注释】①“空中”句：全句描写分蜂群飞出蜂窝，在空中盘旋飞翔，呈圆形，好像车轮，在分蜂群中间有一只蜂王。蜂队：指分蜂群。②“分房”

句：分房减口，指原群蜂一分为二，减少了蜜蜂。口：丁口，人口，此处借喻蜜蜂。未有处：是说分蜂群暂时还没找到合适的去处。野老：指养蜂老人。解与蜂语言：懂得蜜蜂生活习性。这两句在全诗中承上启下，前面是分蜂情况，以下是叙述收蜂过程。③“前人”句：形容收蜂时紧张有序的场面。自然分蜂时，蜂群在空中盘旋，有经验的养蜂老人为收蜂奔忙。有人用涂有蜂蜜的器具在前面引导，有人拿了艾草在后面烟熏，驱使蜜蜂进入为它们准备的新窝口。傅：通敷，涂。延：邀请。客：指童蜂。秉：拿着，握着。④“布囊”句：老人用布把收蜂器包裹起来，蜜蜂在里面闹闹哄哄。回到家老人把聚集在一起的分蜂群放在竹制的蜂窝里。闹如市：热闹得如繁华的街市。坌（bèn）：聚集。⑤“小窗”句：新收捕来的分蜂群放进竹笼之后很快就能熟悉巢门自由出入，趁着初夏繁花茂盛时节采集花蜜。小窗：巢门。旋：很快地。⑥“相逢”句：描写许多蜜蜂从巢门出出进进好像一对对情人，在新房里生儿育女。显然作者还不知道工蜂是发育不完全的雌性蜂，不能与雄蜂交配，无生育能力。俦侣：情侣。长子孙：生儿育女。⑦“今年”句：当年新分蜂群蜂数少，采集力弱，工蜂采粉、酿蜜、泌蜡都很有限，没有更多的蜜蜡任人割取。⑧“明年”句：意思是说，第二年蜂群繁殖强壮了，可以适量割蜜配药用。作者感叹连养蜂老人也懂得只有少割蜜才能增加财源的道理，世上那些巧取豪夺的人应感到惭愧。

酿蜜酒法（摘录）

张邦基

东坡性喜饮，而饮亦不多，在黄州尝以蜜为酿，又作蜜酒歌，人罕传其法。每蜜四斤炼熟，入熟汤相搅成一斗，入好面麴[①]二两，南方白酒饼子米麴一两半，捣细，生绢袋盛，都置一器中，密封之，大暑中冷下，稍凉温下，天冷即热下。一、二日即沸，又数日沸定，酒即清可饮。初全带蜜味，澄之半月，浑是佳酎[2]。方沸时，又炼蜜半斤，冷投之尤妙。予尝试为之，味甜如醇醪[3]，善饮之人，恐非其好也。

【说明】摘自《墨庄漫录》。作者张邦基，字子贤。宋高邮（今属江苏）人。自称性喜藏书，将自己寓所取名墨庄，并以作书名。本文对蜜酒制法介绍颇详，对今天的蜂产品开发亦有参考价值。蜜经过发酵蒸馏后，可清除锌等污染物，解决劣次蜂蜜的变酸含锌等问题；推广蜜酒还可以节约大量粮食。

【注释】：①麴（qū）：同“曲”。②酎（zhòu）：经多次反复酿制的醇酒。③醪（láo）：本指汁渣混合的酒，即浊酒。亦为酒的总称。

蜂

陆佃

蜂有两衙应潮，其主之所在[1]，众蜂为之旋绕如卫[2]，诛罚征令绝严[3]，有君臣之义[4]。

《化书》曰：蜂有君礼也。其毒在尾，垂颖如锋，故谓之蜂。[5]

《传》曰：蜂虿垂芒，此之谓也。[6]

《诗》曰：“莫予荓蜂，自求辛螫。”[7]荓，使也，荓蜂使人为辛螫之譬也。言蜂善辛螫，藏精育毒，虽小不可不慎。采取百芳酿蜜，其房如脾，今谓之蜜脾。其王之所居，叠积如台。[8]语[9]曰：蜂台、蚁楼，言蜂居如台，蚁居如楼也。

一名蜡蜂。蜡生于蜜，而天下之味莫甘于蜜，莫淡于蜡。盖厚于此者必薄于彼，理之固然也。西方之书曰味如嚼蜡。

旧说蜂之化蜜，必取匽猪[10]之水，注之蜡房而后密成，故谓之蜡者蜜之蹠[11]也。

《方言》[12]曰：其大而蜜谓之壶蜂，即今黑蜂，盖亦酿蜜。《楚辞》所谓赤蚁若象，玄蜂若壶者也。

黄蜂亦其一种，无蜜纤长，其窝仰缀于屋，衔漆以固其蒂[13]。阴阳在尾喜合，末端有歧者牝[14]，锐者牡[15]也。

《尔雅》曰：蠭丑螸。螸，垂腴也，一名万。[16]其字象形，盖蜂类众多，动以万计，故借为万亿之万。旧说数人以千，数物以万，庄子所谓号物之数谓之万也。

《抱朴子》[17]曰：鸡有专栖之雄；雉有擅泽之骄；蚁有兼弱之智；蜂有攻寡之计[18]。援理观之，人之强弱相制，众寡相役，何以异此。是故齐与魏哄，而庄周以为战于蜗角也。

《束皙发蒙记》曰：蝇生积灰，蜂出蜘蛛。[19]

《自然论》曰：蜂无王尽死。

【说明】摘自《埤雅·释虫》。《埤雅》初名《物性门类》，后改今名，意在增补、辅佐《尔雅》。解释名物，详于名义，旁征博引，探求得名之由来。作者陆佃(1042—1102)，宋山阴（今浙江绍兴）人。字农师，号陶山。著有《埤雅》《礼象》《春秋后传》《陶山集》等。

【注释】①“蜂有”句：古人认为蜂王每日坐衙料理蜂群大事，本群蜜蜂每日两次朝拜蜂王。衙：旧时官署，唐代天子之居称衙。主：指蜂王。②旋绕如卫：古人已经发现，蜂王周围的哺育蜂，是侍从、保卫蜂王的。

③“诛罚”句：指对蜜蜂的惩罚、命令极其严厉。事实上本群蜜蜂没有惩处。在蜜源不太丰富时，容易有盗蜂，本群蜂出于自卫本能，群起攻击盗蜂，把它咬死后拖出窝外。古人误认为是对懒惰蜂的诛罚。蜂群发生自然分蜂时，或在暴风雨到来之前，工蜂散发臭味召唤本群蜜蜂返巢。古人认为这是蜂王对工蜂的征令。绝：极。④君臣之义：古人常将蜂群的分工与封建王朝制度进行类比。君比作蜂王，臣比作工蜂，臣要绝对服从君命。其实，蜂群里的工蜂并不是绝对服从蜂王，相反，蜂王往巢房里产受精卵或未受精卵，以及自然分蜂等都受工蜂的制约，甚至蜂王的培育与淘汰也是由工蜂决定的。义：礼义，情义。⑤“《化书》曰”句：五代谭峭著。峭为道教学者，字景升，福建泉州人。相传成书后曾向南唐宋齐丘求序，齐丘盗为己作，故又名《齐丘子》，后人予以甄别，改题为孔书。颖：尖端。⑥“《传》曰”句：《左传》。传为春秋鲁国左丘明撰。原名《左氏春秋》，后称《春秋左氏传》，简称《左传》，是我国第一部较完整的编年史。虿(chài):蝎类毒虫。《左传·僖公二十二年》:“蜂虿有毒。”⑦“《诗》曰”句：即《诗经》，我国最早的诗歌总集。原称《诗》或《诗三百》，儒家列为经典之一，后世称为《诗经》。“莫予”句：见《诗经·周颂·小毖》注释。⑧“其王之”句：形容王台的形状。王台是孵育蜂王的巢房，蜂王出房以后就再不到里边去住。⑨语：谚语、成语或古书上的话，多用“语曰”。⑩“必取”句：古人发现蜜蜂常去阴沟采水，就认为这种水是酿蜜的必需品。其实是蜂群活动季节需水量很大，也需要盐分，因此常到污水沟或厕所附近采集盐分。匽(yàn)猪：阴沟，储存污水的坑。⑪蹠(zhí):脚掌。“蜡者，蜜之蹠也”，古人认为蜂蜡是蜂蜜的下脚料，这是一种误

解。蜂蜡是蜜蜂酿蜜过程中分泌的蜡鳞，是筑蜂巢的材料，也是医药、工业用品，蜂蜡的价值比蜂蜜高好几倍。⑫《方言》：我国第一部方言词典，西汉扬雄作。⑬蒂(dì)：同蒂。花果与枝茎连接部分。这里指马蜂采集树胶加固蜂巢。⑭牝(pìn)：鸟兽的雌性。⑮牡(mǔ)：鸟兽雄性。⑯“《尔雅》曰”句：我国最早的一部词典，所收集的材料自西周至西汉。共19篇，其中16篇专门训释各类名物，是研究古代词义和古代名物的工具书。唐宋时列为十三经之一。蠭：同蜂。螸(yú)：腹部膏腴下垂。⑰《抱朴子》：东晋葛洪著。葛洪(约284—364)，道教学者、医学家、炼丹术士。字稚川，自号抱朴子。丹阳句容（今属江苏）人。著有《抱朴子》《肘后方》《神仙传》等。⑱“蜂有”句：蜂数少寡的弱群容易被强群的盗蜂进攻。⑲“《束皙发蒙记》曰”句：束皙（约261—约300），西晋文学家，字广微，阳平元城（今河北大名）人。明人辑有《束广微集》。晋书有传。蜂出蜘蛛：细腰蜂把蜘蛛叼进窝里。蜇僵后，在它体内产一粒卵。卵孵化成幼虫后以蜘蛛体液为食，逐渐成蛹，羽化成细腰蜂再从蜘蛛体内钻出。因此古人以为蜘蛛能生出细腰蜂。

崖蜜

程大昌

又有崖蜜者，蜂之酿蜜即峻崖悬寘[①]其窠[②]，使人不可攀取也。而人之用智者，伺其窠蜜成熟，用长竿系木桶，度可相及，则以竿刺窠。窠破，蜜注桶中，是名崖蜜也。

【说明】摘自《演繁露》卷二。作者程大昌(1123—1195)，字泰之，南宋学者。休宁（今安徽）人。著有《禹贡论》《诗论》《易原》《雍录》

《易老通言》《考古编》《演繁露》等。

本文记述了用长竿系木桶、以竿刺窠的取蜜方法。描述得很形象，但似不可信。蜜蜂在崖洞内造脾，即使捅破蜜脾，蜜也难流入桶中。从在“峻崖悬寘其窠”分析，可能是排蜂（又称黑小蜜蜂），或大排蜂（又称黑大蜜蜂）。我国广东、云南等省有这两种排蜂，生活在小乔木或大树上、崖石下，造单面巢脾。个体大，性野，难驯养。《本草纲目》也有记述：“崖蜜则是一种，如陶（弘景）所说：以长竿刺，令蜜出，以物承取，多者三四石，味酸、色绿入药胜凡蜜。”

【注释】①寘(zhì)：放置。②窠(kē)：动物的巢穴。

仲殊长老

陆游

族伯父彦远言：少时识仲殊长老，东坡为作《安州老人食蜜歌》者。一日，与数客过之，所食皆蜜也。豆腐、面筋、牛乳之类，皆渍蜜食之，客多不能下箸，惟东坡性亦酷嗜蜜，能与之共饱。崇宁中，忽上堂辞众。[①]是夕，闭方丈门自缢死。及火化，舍利[②]五色不可胜计。邹忠公为作诗云：“逆行天莫测，渎作渎中经。讴灭风前质，莲开火后形。钵盂残蜜白[③]，炉篆冷烟青。空有谁家曲，人间得细听”。

【说明】摘自《老学庵笔记》。作者陆游(1125—1210)，南宋诗人，字务观，号放翁。越州山阴（今浙江绍兴）人。有《剑南诗稿》《渭南文集》《南唐书》《老学庵笔记》等。

【注释】①“崇宁”句：崇宁，宋徽宗年号(1102—1106)。辞众：告别众人。②舍利：佛教名词，也叫舍利子。佛教称释迦牟尼遗体火化后结成的珠状物，后指德行较高的和尚死后火化剩下的残余骨烬。③钵盂残蜜白：指仲殊所食皆蜜，死后他的食器还有白色残蜜。

见蜂采桧花偶作

陆游

来禽[1]海棠相续开，轻狂蛱蝶去还来。

山蜂却是有风味，偏采桧花[2]供蜜材。

【注释】①来禽：果名，即林檎。宋陈与义《清明》诗：“东风也作清明节，开遍来禽一树花。”晋王羲之有《来禽帖》。②桧花：桧(guì)，柏科圆柏属。花开时有粉无蜜。古人看见蜜蜂在桧树花上采粉认为是采蜜。怎样识别蜜蜂在花朵上是采蜜还是采粉？从它的活动可以看出：蜜蜂采蜜时将吻伸进花朵底部去吸，腹部比较膨胀；采粉是离开花朵之后，飞起来三对足同时动作，把粘在绒毛上的花粉粒搜集在一起，放在后足的花粉篮里。大部分植物花蜜、花粉都有，蜜蜂采蜜的同时也采粉。也有些植物蜜多粉少，它们在这种花上采蜜时一点花粉也采不回来，枣花、柿花就有这种现象；有些植物只有粉没有蜜，高粱、玉米、松树、柏树即属此类。

蜜蜂

真山民

酿成百花脾，聊尔了口腹。

人知口中甘，谁料腹中毒[1]。

【说明】作者真山民（约900—980），里籍生平无考，有《真山民集》。

【注释】①“谁料”句：可以做两种解释，蜜蜂腹部有毒囊，蜇人时注入人体作痛；或蜜蜂从有毒植物上采回来的花蜜，人吃了能中毒。如果是后一种解释，则是对有毒蜜源植物的较早记载。

蜂儿

杨万里

蜜蜂不食人间仓，玉露为酒花为粮。

作蜜不忙采花忙[1]，蜜成犹带百花香[2]。

蜜成万蜂不敢尝，要输蜜国供蜂王[3]。

蜂王不及享，人已割蜜房。

老蜜已成蜡，嫩蜜方成蜜。

蜜房蜡片割无余，老饕吏来搜我室[4]。

老蜂无味只有滓[5]，幼蜂初化未成儿[6]。

老饕火攻不知止，既入吾室取吾子[7]。

【说明】作者杨万里(1127—1206)，南宋诗人。字廷秀，号诚斋。吉水（今江西）人。诗与范成大、陆游齐名。有《诚斋集》。从本诗可知，早在800年前人已看出养蜂利益：蜜蜂既不食粮食，又能够酿制甜美的蜂蜜。同时也反映出旧法养蜂的缺点：把蜂窝里的蜜脾全部割下来，连同幼虫一起放在锅里熬。这种掠夺式的取蜜法，浪费了资源，对蜂群发展不利。

【注释】①“作蜜”句：描写蜜蜂辛勤劳作。流蜜期，蜜蜂起早贪黑，出巢采蜜，到晚上才作（酿）蜜。夜深人静时，蜜蜂要排出花蜜中的水分，两翼扇风，发出的嗡嗡声比白天还响。②“蜜成犹带”句：旧法养蜂，一年只取一两次蜜，很多种花蜜都混合在一起，因此，可以说是百花（蜜）香了。实行活框饲养蜜蜂后，可以取单一种花的蜜，提高了蜂蜜的质量和商品价值。例如：刺槐花蜜白色透明，具有清香味；枣树花蜜呈琥珀色，并有枣花的味道。③“蜜成万蜂”句：蜂蜜是全群蜜蜂所共有的生活物质，非专供蜂王享受，无须蜂王“赏赐”；再说蜂群活动季节，哺育蜂一直喂给蜂王营养丰富的王浆，到冬季蜂王停止产卵期间，它才吃蜜。如蜂群严重缺蜜，工蜂们会将最后剩下的一滴蜜留给蜂王吃。④“老饕吏”句：老饕吏，把养蜂老人比喻为贪得无厌的狱吏。饕(tāo)，比喻凶恶的人或贪吃的人。我室：指蜂窝。⑤“老蜂”句：这句是说养蜂人把蜂窝里的蜜搜索一空，只剩下一些“无味”的蜡渣（即被损坏的破碎巢脾）。老蜂，指蜜蜂。⑥“幼蜂”句：幼蜂，蜂的幼虫，也叫蜂儿。未成儿，还没有羽化成蜜蜂的蛹。⑦取吾子：把蜜脾带幼虫一齐取走。

蜜

梅尧臣

燕衔芹根泥，蜂掇花上蕊。

带雨两股飞，所取日能几？①

调合露与英②，凝甘滑于髓③。

天寒百虫蛰④，割房霜在匕⑤。

燕已成雏归，蜂忧冻馁死。⑥

乃是万物心，多为造化使。⑦

【注释】①“带雨”两句：描写勤劳的蜜蜂雨天还出巢采集。作者慨叹并发问：一只小小的蜜蜂一天能采多少蜜呢？旧法养蜂产量多少不定，用活框饲养，在主要蜜源植物开花期，一个十框足蜂的强群，一天可以采回巢内5～10千克花蜜。②“调合”句：古人长期以来认为花粉是酿蜜的原料，蜜蜂调和露与英就成了蜂蜜。露：花蜜。英：花粉。③“凝甘”句：形容蜂蜜结晶以后就像骨髓那样洁白光滑。④“天寒”句：入冬各种昆虫钻到地下或墙缝里蛰居不动时（约在农历霜降前后），蜜蜂也开始结团，很少活动。⑤“割房”句：指这时养蜂人用匕（匕首、短剑）割蜜，蜜沾在匕上像涂了一层霜。⑥“燕已”两句：以春燕衔泥，携雏燕南归与蜜蜂采花粉，却担忧冻馁两者进行对比，表达作者对辛勤劳动的蜜蜂被人割走蜂蜜的同情。⑦“乃是”两句：意思是宇宙万物包括燕子、蜜蜂的不同命运，都受自然规律的支配。造化：自然界的创造者，也指自然。使：使然，使这样。

蜜蜂

罗愿

蜜蠭似蠭而小，工作蜜。《说文》[①]蜜字作䗪。云：“蠭甘饴也，盖若鼎器焉而幂之[②]。

《山海经》[③]曰：谷城之山，是蜂蜜之庐[④]，今土木之蜂，亦各有蜜。北方地燥，多在土中，故多土蜜[⑤]；南方地湿，多在木中，故多木蜜[⑥]。今人家畜者，质小而微黄，大率腰腹相称，如蝇、蝉也。喜事者以窾木容数斛[⑦]，寘[⑧]蜂其中养之，开小孔，绕容出入。

《永嘉地记》[⑨]曰：七八月中，常有蜜蜂群过，有一蜂先飞，觅止泊处[⑩]，人知辄内木桶中[⑪]，以蜜涂桶中，飞者闻蜜气或停，不过三四来，便举群悉至。

今人家所养蜂，或群逸[⑫]以千百数，中大者为王，群蜂舁之[⑬]，从其所往，人收而养之。一日两出聚鸣，号为两衙[14]。其出采花者，取花须上粉寘两髀[15]，或采无所得，经宿花中，不敢归房中。蜂多，则复分为队。[16]雀及蜻蛉好捕食之，冬寒则割蜜。

今宛陵[17]有黄连蜜，则色黄而味小苦；雍洛[18]间有梨花蜜，色如凝脂；亳州[19]太清宫有桧花蜜，色小赤；南京柘城[20]县有何首乌蜜，色更赤。各随所采花色，而性之温凉亦相近。蜜脾底为蜡，有蜜香气，然蜜极甘而蜡至淡，独为一异。

《孝经·援神契》[21]曰：蜂虿垂芒。《释虫》[22]曰：螽丑螸，谓垂其腴，腴即腹下螫毒也。[23]今细腰螫人皆复引其芒去[24]；蜜蜂螫人，芒入人肉，不可复出[25]，蜂亦寻死[26]。《传》言：尹吉甫妻，取蜂去毒系衣上以谮伯奇，即此也。[27]古称蜂虿有毒，今蜂近其房辄群起攻人，故古称螽；起之将。（下略）

【说明】摘自《尔雅翼》卷二十六，《释虫》三。作者罗愿（1136—1184），宋代歙县（今安徽）人。字端良，号存斋。著有《尔雅翼》《鄂州小集》《新安志》。

【注释】①《说文》：《说文解字》的简称。东汉许慎作。我国第一部阐明六书理论并以分析字形、考究字源的文字学经典著作，对后世影响很大。②“盖若”句：盖，发语词。幂，覆盖。③《山海经》：先秦古籍。全书18篇，各篇著作年代亦无定论。④蜂蜜之庐：指蜂窝。⑤土蜜：蜜蜂在土穴里做窝所酿制的蜜。⑥木蜜：蜜蜂在树洞里做窝所酿制的蜜。土蜜、木蜜都是蜂蜜，蜜蜂生存条件不同，但其采花、酿蜜是一样的。⑦“喜事者”句：窾（kuǎn），空，不实。中空的枯木。斛（hú），量器名，也是容量单位。古代以十斗为一斛，南宋末年改为五斗为一斛。全句指把大木头中间掏成可以容数斛的大桶，做成蜂窝。⑧寘：古“置”字。⑨《永嘉地记》：书名。作者与成书年代不详。永嘉郡治在今浙江省温州市。⑩“觅止”句：觅巢蜂寻找适合居住的地方。⑪“人知”句：养蜂人发现觅巢蜂时，将它捉住放在木桶中。内：通纳。⑫群逸：成群飞逃。逸：逃跑。蜂群发生自然分蜂时，蜜蜂成群结队地飞出去。⑬群蜂舁之：许多只蜂抬着蜂王。实际情况是蜂王自己飞出，从来没有工蜂抬着蜂王飞的现象。舁(yú)：共同抬东西。⑭两衙：青年蜂认巢试飞时，多是头向蜂窝，古人认为蜂群每天两次朝拜蜂王。衙：官署。这是指蜂王所在地。⑮“取花”句：蜜蜂从花上采集花粉，放在后腿上。这是指工蜂的花粉篮。髀(bì)：股部。⑯“蜂多”句：蜂群里蜂数增多就开始育王，王台封盖后，再次分蜂。“分为队”即分蜂。队：凡分列成群者都称为队。⑰宛陵：古县名，汉初置，治所在今安徽宣城。当时宣城产黄连蜜。⑱雍洛：古代设雍州（今关中、陕北一带）、洛州（今河南省境内）。⑲亳(bó)州：今安徽省亳州。⑳柘(zhè)城：县名，在河南省东部惠济河下游。当时产何首乌蜜。㉑《孝经》：儒家经典之一，共18章。作者说法不一，一般认为作者系孔门后学。东汉开始列为七经之一。《援神契》为其中一章。㉒《释虫》：见《尔雅》。㉓“蠭丑螸”句：蜂类丰腴的腹部下垂。丑：通“俦”，同类。腴：腹下肥肉。㉔“今细腰”句：细腰蜂的螫针能够连续蜇人。能连续螫人的还有马蜂、胡蜂。㉕“蜜蜂螫人”句：蜜蜂螫针的尖端生有倒钩，蜇入人、畜体内拔不出来，致使螫针、毒腺、毒囊等一起与蜂体分离。㉖“蜂亦寻死”：蜜蜂失去螫针、毒囊后很快就会死亡。寻：旋即，不久。㉗“《传》言”句：《传》，指《列女传》。尹吉甫妻陷害伯奇事，见吴淑《蜂赋》注(13)。

咏蜂

谢翱

蛹（蜂）黑春如翳，寒崖举族悬[1]。扑香粘絮落，采汗近僧禅。聚暗移花幄[2]，分喧割蜜烟[3]。闲房无处著，应架井泉边。

【说明】作者谢翱(1249—1295)，南宋诗人，字皋羽，号晞髮子，福安（今福建）人，后迁居浦城（今福建）。

【注释】①举族悬：蜂群筑巢于很高的山崖上面。②“聚暗”句：蜜蜂聚集在黑暗的蜂窝里，把花（花蜜、花粉）搬移到“帏幄”（蜂窝）里。③“分喧”句：是描写人们割蜜前用烟把蜜蜂熏到一边去的喧闹情况。

蜂

李俊民

弄晴沾落絮，带雨护园花。有课常输蜜，无春不到衙。

【说明】作者李俊民（1176—1260），金文学家。字用章，号鹤鸣老人，泽州晋城（今山西）人。有《庄靖集》。

苦蜜

朱国祯

明太祖[1]召一儒者问其业，曰:“臣业医。”上曰:“卿亦医，亦知蜜有苦，而胆有甜者乎？”对曰:“蜂酿黄连花，则蜜苦。猿猴食果多，则胆甜。”上以为能格物[2]，擢为太医院使。

【说明】摘自《涌幢小品》。作者朱国祯(1558—1632)，字文宁，号平涵，别号叫庵居士，明万历进士，官至文渊阁大学士。乌程（今浙江湖州）人。纂有《皇明史概》《皇明大政记》等。他建有一座能移动的木亭，名为“涌幢”，并以此为书名。《涌幢小品》杂记社会政治等方面见闻，间及考证，对研究明史颇有参考价值。

【注释】①明太祖：朱元璋。②格物：探究事物的原理。

义蜂行

戴表元

山翁爱蜂如爱花，山蜂营蜜如营家。蜂营蜜成蜂自食，翁亦藉蜜裨[①]生涯。每当山蜂采花出，翁为守关司徼遮。[②]朝朝暮暮与蜂狎，颇识蜂群分等差。[③]一蜂最大正中处，千百以次分来衙。[④]丛屯杂聚本无算，势若有制不敢哗。[⑤]东园春晴草木媚，漫天蔽野飞横斜。须臾骈翼[⑥]致隽永，戢戢不翅[⑦]输牛车。似闻蜜成有所献，侪类不得先摩牙[⑧]。重防覆卫自严密，虽有毒螫何由加。一朝大蜂出不戒，春容靓饰修且姱。[⑨]蜻蜓忽来伺其怠，搏击少坠遭虾蟆[⑩]。群蜂仓皇迷所适，谒走欲死声呀呀。[⑪]求之不得久乃定，复结一聚犹如麻。[⑫]我来访翁亲目睹，拊髀不觉长咨嗟。[⑬]翁言蜂种幸蕃盛，众以义聚犹堪嘉。[⑭]乌衣[⑮]槐安[⑯]传自古，蛮触分据两角蜗[⑰]。虽云彷佛存国族，徒以纪异其辞夸。博劳[⑱]舅妇恨翼短，鳖灵[⑲]异姓争荒遐。岂如兹蜂互推举。一体同气无疵瑕。我怜翁言私诮责，扶伤蚤愧隋侯蛇[⑳]。况伊二毒俱下类，琐细不足劳鞭挝。前尤往悔俱勿论，事会倚仗来尚赊。新房才成蜂未壮，旧房委弃坠泥沙。

【说明】：选自《剡源集》（商务印书馆据宜稼堂本）。作者戴表元（1244—

1310)，元文学家。字帅初，一字曾伯，奉化（今浙江）人。有《剡源集》。

【注释】：①裨(bì)：益处，增加。②“每当”句：蜜蜂外出采蜜，养蜂老人保护着蜂窝安全。关：指蜂窝。徼(jiào)：伺察，巡逻。遮：遮阴。③“朝朝”句：养蜂老人朝夕与蜜蜂相伴，很了解蜂群内部的关系。④“一蜂”句：最大蜂指蜂王，其余蜜蜂按等级不同排列成行朝拜蜂王。其实，工蜂只有分工不同，没有等级差别。衙：一指天子之居，即蜂王所在处；或指排列成行之物，即工蜂列队朝拜。⑤“丛屯”句：形容蜂窝里的蜂密密麻麻地聚集在一起，难以计算（算，有的版本写作“筭”：古代计数的工具）。蜂数虽多，但工作有序，似乎都很遵守制度，不敢喧哗。⑥须臾骈翼：须臾，过了一会儿。骈翼，并拢双翼。骈(pián)，并列。凡物二者相并为骈。⑦戢戢不翅：即收拢翅膀。戢(jī)：收藏。⑧摩牙：即磨牙，使牙齿锐利，引申为吃。这句是说，采花酿蜜献蜂王，工蜂不能先吃。⑨“一朝”句：指处女王出巢试飞或交尾蜂王不轻易走出蜂窝，一旦爬出窝门，先用前足清理头部和触角，像是在精心梳洗打扮。舂(chóng)容：撞击。本指钟声回荡相应，引申为雍容畅达，或比喻和谐。靓(jìng)：妆饰、打扮。姱：美好。⑩虾蟆：蛙和蟾蜍的统称。⑪“群蜂”句：蜂王失踪，群蜂惊慌失措，在巢门前焦急爬行，围着蜂箱绕飞，叫声欲绝。这两句对中蜂失王后的表现描述得很真切。⑫“求之”句：蜜蜂经过一番搜寻，没有找到蜂王，只得安定下来，又集聚在蜂窝里，但已不像以前那样井然有序，而是像一团乱麻。⑬“我来”句：作者目睹了蜜蜂辛勤采蜜和蜂王遇难前后情况，拍着大腿感叹不已。搏：叩击，拍打。髀：(bì)大腿。⑭“翁言”句：养蜂老人认为蜜蜂所以能繁衍发展，就是因为它们有尊卑长幼的礼仪和蜂王与群蜂之间的情义。这一句重在点题，强调蜜蜂重义。⑮乌衣：指燕。王谢梦游乌衣国，国王设宴，并以飞玄轩送归。谢醒时见梁上双燕，知所梦即燕子国，后有以乌衣喻燕。⑯槐安：喻蚁。淳于棼醉卧槐树下，梦入槐安国，任南柯郡守。醒后发现槐下有一蚁穴。后以槐安喻蚁。⑰“蛮触”句：蛮触，典出《庄子·则阳》，“有国于蜗之左角者，曰触氏。有国于蜗之右角者，曰蛮氏。时相与争地而战。”蜗牛很小，触角更小，蛮触之争喻为极细微的事而争斗。⑱博劳：即伯劳，鸟名。又名子规、杜鹃。翼短不能远飞。⑲ 鳖灵：人名。据《蜀志》记载，蜀王望帝，遇一人自井中出，名鳖灵，身死于楚，尸逆流而上后复生。望帝使之为相，后来以其功高而禅让之。⑳隋侯蛇：隋侯外出，遇一受伤大蛇，即命人为之敷药，蛇愈后，衔明珠以报隋侯。

蜂房

瞿佑

牖户谁教各自开[①]，花间衙内海潮来[②]。分门岂虑添丁恼[③]，酿蜜应防间课催[④]。蚁穴尚能藏郡国，龙宫亦自有楼台。书生苦欠立锥地，凭仗东风为作媒。

【说明】作者瞿佑(1341—1427)，明文学家。佑，一作“祐”，字宗吉，号存斋。钱塘（今浙江杭州）人。作品有《香台集》《咏物诗》《存斋遗稿》《归田诗话》《乐府遗音》《天机玄锦》等。

【注释】①“牖户”句：指蜂房门户洞开。牖(yǒu)：窗户。②“花间”句：百花盛开季节，蜜蜂往来蜂窝与百花之间，群蜂飞舞如海潮一般。

③“分门”句：蜂房繁多，不愁增加的蜂没有房住。丁：古时男子成年为丁。男子为丁，女子为口。这里指蜜蜂。④“酿蜜”句：是指蜂房那么多，酿蜜时要提防收间架税。唐建中四年（783）始收此税，视屋多少收税，屋多税多。课：赋税。

蜂赋

刘诜

蜂有君臣之义，朝参其一耳。若殉忠死节，系名教尤大，则不可不之录也。作蜂赋。[①]

繄颢穹之陶形兮，人与物而同均。[②]宗一本而有支兮，首万国而为君。[③]惟偏全之异禀兮，乃人物之由分。[④]超羽属而独出兮，异哉蜂之如人。[⑤]或以微而不至索，或以毒而不敢亲。[⑥]孰知肖翘之蜚翼，而能有尊卑之大伦。[⑦]

若乃春妍景辉，玄鸟来归，幽岩缛绣，穷林景蜚。[⑧]于是薨薨窥窍，翁翁入洞，斜萦偃月，大取悬瓮。[⑨]将卜食以告迁，亦相时而后动[⑩]，是则胥宇之水浒，相宅之洛上也[⑪]。至若日吉辰良，晴风燠阳，其声也，如钲鼓之合节；其阵也，如甲兵之成行。[⑫]出则渐密，飞则载扬，如翣如扇[⑬]，卫小于王[⑭]，是则就邸之支庶，分藩之令主也[⑮]。而乃金房初建，玉宇未成，骈肩构度，聚首经营，眷然是栗，是为灵台，千门万户，环向四开。是则经始之勿亟，庶民之子来也。[⑯]周庐既列，课法爰作。[⑰]股负香兮成丸，翼汲水兮如勺。[⑱]于是凝芳敌兰，积润侔酪，府库充溢，矗不知其几千万落。[⑲]专一意以上供，亮竭力以诚乐。[⑳]命黑衣之虎贲，守重门而司会。[㉑]惰者必杀，不以小大。[㉒]是则交征之庶，土底慎之财赋也。[㉓]

藹藹华华，一日两衙。[24]歌声雷震，朝罢无哗。方其旅进旅退，如向如对，俨降升而后揖，甚趋庭而列拜。[25]此常参而宴见，无更值与轮代。[26]闲日移阴，王乃时巡。[27]陟高丘循下垒，咸戢戢而欣欣。[28]骋非八骏，扈无三军，何曾蹙额以疾首，乃能省方而观民。[29]而或宫车驾暮，不游不豫，群聚于穴，誓无背去。[30]别瑶林兮玉树，谢金谷兮琪圃。[31]无面目以偷生，绝纷华而不顾，于是闭口却粒，垂头丧气，纳一命于所天，萃百万而同死。[32]盖商余孤竹之二子，齐横五百之壮士也。[33]

呜呼！辛螫之求，周诗是忧，有毒维虿，春秋所戒。岂知物微性至，五常[34]具备。未容仅比于蝼蚁，而不识其事也。可以证鬼神而质天地，是故应朝而朝，信且礼也；多思而营，巧且智也；效死不二，志于义也；割脾而施，仁之惠也。[35]

嗟一气[36]之忠烈，亘万古而不折。事莫小于饿死，尤莫大于失节[37]。胡委质而为臣兮[38]，顾[39]背主而改辙。彼瀛王事十姓[40]兮，可以人而不如物。吾托蜂异以劝来世，盖不特演周公之雅，而广张华之志也。

【说明】摘自《古今图书集成·禽虫典》第一百七十卷，蜂部艺文·一。作者刘诜(1268—1350)，字桂翁，元文学家，庐陵（今江西吉安西）人。致力训诂笺注及诗、古文。有《桂隐诗文集》。

【注释】①这段序言旨在说明作者写《蜂赋》的意图。作者认为蜜蜂深明君臣大义，每日朝拜蜂王，对“君”忠贞不贰，甚至可以殉死以报，这是关系封建礼教的大节，不能不加以宣扬。古人从封建等级观念看待蜜蜂，把青年蜂认巢试飞以及外勤蜂采集返巢，都视为朝拜蜂王，甚至把蜂群失王后，不久全群蜜蜂相继死亡，也看作是忠于蜂王的殉节行为。

君：君主，这里指蜂王。臣：君主时代，官吏、百姓对君主都称臣。所谓“率土之滨，莫非王臣”。本文中的“臣”，指工蜂。殉：为坚守忠贞而献身。名教：名指名分，教指教化，即以正名定分为中心的封建礼教。②“繄颢穹”句：意思是天地造化，人与物是一样的，无高下之分，同出一源，其后分出支派。繄(yī)：副词，惟。颢(hào)穹：也作“昊穹”，指天。《汉书·司马相如传下》“伊上古之初肇，自颢穹生民”。陶：造就，培养。均：平等，彼此如一。③“宗一”句：不论分成多少国，都有君王为首领。宗：祖宗。宗一本：共一祖先。首万国：作为万国国君。④“惟偏全”句：由于禀赋有偏颇、全面的差异，所以人与其他动物是有区别的。异禀：即特异禀赋；人是得天独厚的。⑤“超羽属”句：蜜蜂在有翅类动物中是超群的。其君臣之义，殉忠死节都像人一样。羽属：泛指会飞翔的动物（包括鸟类），古代都称作羽属。⑥“或以”句：有人认为蜜蜂是小昆虫而不注意观察，或因“蜂虿有毒”怕蜇而不敢靠近。至：极。索：探求。⑦“孰知”句：人们不去关注蜜蜂，怎么能知道这小小生灵是深明大义的呢？肖翘：细小能飞的动物。大伦：指父子、兄弟、夫妇、君臣、长幼、朋友、宾客。《礼记》称“此七者，教之大伦也”。⑧“若乃”句：当春光明媚，燕子北飞，远山青翠，层林枝繁叶茂之时。玄鸟：燕子。⑨“于是”句：指此时蜜蜂开始活动。认巢试飞的青年蜂头向巢门轻轻飞舞。采集归来的蜜蜂，把花粉筐的花粉抖落在半月形的脾上。薨薨：许多小虫纷飞发出的声音。窍：孔，即巢门。偃月：半月形。瓮：陶制容器。⑩“将卜食”句：指蜂群进入繁殖盛期，准备分蜂。此前有侦察蜂到附近察看地形，寻觅有利于蜂群生存、发展的环境。找到满意的新居，在适当的时候就分蜂、迁移。卜食：古代指卜地建都。占卜时，用墨画龟，再用火烤甲壳，如壳上裂纹食去墨画就算吉利。故称卜食。⑪“是则”句：胥，视。相，看。胥宇，相宅，都指觅巢。浒，水边。水浒、洛上，都指有水的地方。因为蜜蜂活动期需水量很大，这是古人早已发现的。⑫“至若”句：指分蜂群经过选址觅巢，在风和日暖时开始迁居。蜂声嗡嗡，如战鼓咚咚，蜂行列阵，如士兵出行。密密麻麻，从巢门涌出，盘旋飞舞。⑬“出则”句：落在树枝上结团，如腹大口小的酒坛；落在树干和或建筑物上结团，犹如展开的扇。⑭“卫小于王”句：卫，蜂王的侍卫蜂。小，通“少”。⑮“是则”句：支庶，宗法制称嫡长子以外的宗族支脉。作者从封建等级观念出发，认为新分群蜂王的侍卫理应比老王少，因为新群是旁系、藩属。⑯“而乃”句：这几句是以庶民踊跃为周文王修造灵台的故事描述蜜蜂辛勤造脾的盛况。《诗经·大雅·灵台》：“经始灵台，经之营之。庶民攻之，不日成之。经始勿亟，庶民子来。”这里是说分蜂群齐心协力构筑新蜂房，辛勤泌蜡，准确投料，把巢脾筑造得适用、坚固。骈肩：形容人多拥挤，也可形容物多。度：投入，填充。经营：古代指经度营造，即建筑；后来多指筹划谋略或经济管理。卷：通“圈”。可以长草木、居禽兽之地。此处指蜂脾。栗：坚固。“缜密以栗”。灵台：故址在今陕西省西安市西秦杜镇。相传为周文王所筑，用于观测天象，也用于观赏。经始：土木工程刚刚动工。庶民：老百姓。之子：这个人。这句意思是动工时不用急，这么多的老百姓都来了。⑰“周庐”句：分蜂之后，蜜蜂各司其职，努力工作。周庐：秦汉时，皇宫四周设置的警卫住所。课：考核。法：法治，矩。这里指蜂巢筑造完毕，蜜蜂按惯例生产、生活。⑱“股负香”句：

指工蜂用后足花粉篮里携带着花粉团。“翼汲水”：指双翅像勺一样取水。实际上蜜蜂是不能用翼汲水的，翅膀沾上水就会减弱飞翔力。它采水和采蜜一样，是储存在蜜囊内带回蜂巢。⑲“于是”句：形容蜂蜜气味芳香可与兰花匹敌，质量细腻与奶酪一样。巢房里储满蜂蜜，矗立的巢房不可胜数。⑳“专一”句：蜜蜂专心一意，诚心竭力采花酿蜜供蜂王享用。其实，蜜是供全群蜜蜂食用的，并非蜂王独享。蜂群活动季节，蜂王很少吃蜜，由哺育蜂喂给它营养丰富的王浆。越冬期蜂王停止产卵（包括分蜂时和处女王期），蜂王才吃蜂蜜。亮：忠直。㉑“命黑衣”句：指守卫蜂严守巢门，检查进进出出的蜜蜂，看它采集的数量。黑衣：古代守卫王宫的着黑衣，因以黑衣代称侍卫。虎贲(bēn)：官名。周朝有虎贲氏之职。汉至唐代设虎贲中郎将，是侍卫君王的勇士。司会：官名。计官（主管财物及出纳的官）之长。㉒“惰者”句：指不分小大，对偷懒者格杀勿论。因此外出采蜜的、在巢酿蜜的都努力劳作、贡献。事实并非如此，蜂群内没有处罚、杀死之说，只有盗蜂进巢偷蜜时，才会被守卫蜂咬死拖出巢外。或者可能把盗蜂误认为是“惰者”。㉓“是则”句：之，语助词。底慎财赋，进贡财、物。《尚书·夏书·禹贡》：“庶士交正，底慎财赋。”㉔“蘤蘤”句：指蜜蜂每日采集花之精华，并向蜂王朝拜。蘤：花的异体字。㉕“方其”句：描写“一日两衙”的盛况。始则齐声嗡嗡，后则秩序井然。其进退、向对和朝廷上众臣参见皇帝一样。其实这都是蜜蜂闲暇时的表现。各种蜜源植物开花期泌蜜都有时间性，有的花早上泌蜜，中午停止；有的是上午或下午泌蜜。蜜蜂采集也随着泌蜜的有无而忙闲。在植物停止泌蜜或蜜源缺乏的季节，外勤蜂大部分在边脾上休息，少数蜂在巢门前时进时退，好像搓衣服的动作。有时在巢门前休息的蜜蜂伸出前足去接采集归来的外勤蜂，作者把这些动作描写为“揖”“拜”。旅进旅退：也作“进旅退旅”，原指与众人共进退。㉖“此常”句：宴见，也作“燕见”。宴，闲暇。宴见即皇帝闲暇时接见臣下。更值、轮代：都是指轮流值班。这里是说全群蜜蜂每日都朝拜蜂王没有值班或轮流朝拜之说。㉗“闲日”句：风和日丽处女王出巢婚飞。㉘“陟高”句：作者认为这是蜂王出巡，登高俯视，看到众多蜜蜂整齐有序的工作感到欣慰。陟(zhì)：登高。循：通“巡”。戢戢(jí)：整齐。㉙“骋非”句：指蜂王出行轻车简从，坐骑不用良马，随从没有军队，才能体察民情。八骏：指周穆王的良马。古代一车四马，称驷马高车。穆天子八骏两车，分主、副车，各四马。扈：跟随。扈从，扈驾。三军：一般泛指军队。省方观民：天子巡视万方，观察民情。㉚“而或”句：指蜂王婚飞殉命，群蜂悲痛，都聚集在蜂窝旁，不忍离去。宫车驾暮：也作宫车宴驾，指天子驾崩。这里喻蜂王死亡。㉛“别瑶林”句：纵有琪花瑶林，也不再去光顾。瑶林、玉树、金谷、琪圃都是指仙境奇花异草，泛指蜜源植物。金谷：原指地名，晋代石崇曾建金谷园。㉜“无面目”句：指群蜂无首，不愿苟且偷生，从此绝食，听天由命，最后全群赴死。㉝“盖商余孤”句：商末周初孤竹君两个儿子不食周粟，饿死在首阳山。秦末的田横，不愿向刘邦称臣而死，留在海岛的五百壮士也都自杀。㉞五常：仁、义、礼、智、信。儒家的道德教条，作者认为蜜蜂也具备这些品质，不能与蝼蚁相比。㉟“可以”句：意在说明蜜蜂具备“五常”是无愧于鬼神天地的。蜜蜂每日朝拜蜂王是诚实无欺、信与礼的表现；营巢造蜜，体现了能力与智慧；誓死效忠蜂王，是为正义；酿蜜泌蜡，施惠于人，是仁慈的行为。㊱气：正气。指蜜蜂“忠君不二、万古流芳”的正气。㊲“事莫小于饿死，尤莫大于失节”：语见宋《二程全书·遗书》卷二十二“然饿死事极小，失节事极大”。失节，原指女子失去贞操，以后泛指节操。㊳“胡委”句：胡，为什么。委质，质指形体。意思是屈膝跪拜，委身体于地以示敬奉。作者认为有些人没有气节，不如小小蜜蜂。作者为宋末元初文人，对宋王朝无限缅怀，以蜂喻人，寄托情感。㊴顾：反而。㊵彼瀛王事十姓：泛指一些侍奉不同朝代君主的人。

养蜜蜂

王祯

人家多于山野古窑中，收取蜂蜜。盖小房[①]，或编荆囤[②]。两头泥封，开一二小窍，使通出入。另开一小门，泥封。时时开却，扫除常净，不令他物所侵[③]。及于家院，扫除蛛网，及关防山蜂、土蜂，不使相伤。秋花凋尽，留冬月可食蜜脾，余者，割取做蜜蜡[④]。至春三月，扫除如前，常于蜂窠前置水一器，不致渴损[⑤]。春月蜂盛，一窠止留一王，其余摘之。[⑥]其有蜂王分窠，群蜂飞去，用碎土撒而收之[⑦]，别置一窠，其蜂即止[⑧]。春夏合蜜及蜡，每窠可得大绢一疋。有收养生分息数百窠者，不必他求，而可致富也。

【说明】摘自《王祯农书》卷五，《农桑通诀》五。作者王祯，字伯善。（1271—1368）。东平（今山东东平）人。元农学家。为官清廉，办学劝农等很受称赞，著《农书》22卷，习称《王祯农书》。此文被收入元司农司编著的《农桑辑要》一书，明代徐光启编撰的《农政全书》也全文收录。

【注释】①盖小房：是用砖或土坯砌的蜂窝。在蜂窝的后面另开一小门，用泥封上。打扫蜂窝或割蜜时可以把小门打开。河北、山东以及山西南部、河南大部分地区多用砖或土坯砌蜂窝，很像小房子。②编荆囤：今太行山区的旧式蜂窝大部分是用荆条编的囤，卧放，两头的囤盖用泥封上。③“不令”句：把蜂窝底部扫干净，防止巢虫滋生和其他天敌。④“留冬月”句：留足蜂群越冬吃的蜜，割取剩下的蜂蜜、蜂蜡。⑤“常于”句：指蜜蜂活动量大，需水量也大，而蜜蜂到河边、池塘等处采水，损失较多。古人已发现喂水的重要，所以在蜂窝附近放置喂水器皿。⑥“春月”句：摘除多余蜂王。即用破坏王台的办法控制自然分蜂。同时代的《农桑辑要·禽虫篇》也有类似记载：“春月蜂盛，有数个蜂王，当审多少，壮与不壮。若可分为两窝，止留蜂王两个，其余摘去。若不壮，除旧蜂王外，其余蜂王尽行摘去。”这段记述中的“蜂王尽行摘去”，实际是指王台。用摘去王台防止自然分蜂只是一种治标的办法，可以推迟分蜂，但不能解除分蜂热。而且旧法饲养的中蜂，巢脾固定在蜂窝内，只能将巢脾下部、边部王台摘去，而中间的王台无法摘除。⑦“其有”句：是防止自然分蜂群向远处飞逃的一种办法。当分蜂群在空中飞翔盘旋时，往分蜂群前扬几把碎沙土，迫使它们下落在附近结团，便于收捕。⑧“别置”句：另外准备个蜂窝，把收回来的分蜂群放在里边，蜂就留下来了。

割蜜

鲁明善

天气渐寒，百花已尽，宜开蜂窝后门，用艾烧烟微熏[①]，其蜂自然飞向前去。若怕蜂螫，用薄荷叶嚼细，涂在手面上，其蜂自然不螫。或用纱帛蒙头及身上截，或用皮五指套手，尤妙。约量存蜜，自冬至春，其蜂所食之余者，拣大蜜脾，用利刀割下，却封其窝。将蜜脾用新生布纽净，不见火者为白沙蜜，见火者为紫蜜[②]。入篓盛顿。却将纽下蜜植入锅内，慢火煎熬，候融化，拗[③]出纽柤[④]再熬，预先安排锡镟或盆瓦，各盛冷水，次倾蜡汁在内，凝定自成黄蜡，以柤内蜡尽为度。

要知其年收蜜多寡，则看当年雨水如何。[⑤]若雨水调匀，花木茂盛，其年蜜必多；若雨水少，花木稀，其蜜必少。或蜜不敷蜜蜂食用，宜以草鸡或一只或二只，退毛，不用肚肠，悬于窝内，其蜂自然食之，又力倍常。[⑥]至来春二月间，开其封视之，止存鸡骨而已。

【说明】摘自《农桑衣食撮要》。作者鲁明善，元维吾尔族农学家。以父字为姓。1314 年受命出任寿春郡（今安徽寿县）监察官。

【注释】①“用艾烧烟微熏”：驱逐蜜蜂离脾的办法，效果很好，现在旧法养中蜂的还大部分用艾或蒿拧成绳状，点燃后用这种烟驱逐蜜蜂。由于当时养蜂的人比较多，研究出“用纱帛蒙头及身上截”的办法等于护面网。“皮套五指”等于防螫手套。②紫蜜：蜂蜜见火以后，不仅颜色变紫，香味也受到破坏。③拗：(ǎo) 弯曲，等候融化。拗出是把“蜜柤”放在锅里熬熔后装到袋子里，把蜡拗出来，就是蜂蜡。④柤 (zhā)：渣滓。⑤“要知”句：与当年的雨量、蜜粉源植物长势等方面联系起来预测产量，是比较科学的。⑥“或蜜”句：用鸡肉作为蜂粮，源于《山海经·中次六经》。这种做法是否正确未得到印证。

蜂

俞允文

春晴逢谷雨[①]，泛滥绕林篁[②]。逐醉萦轻袂，缠花猎异香。丛栖悬玉宇，叠构隐金房。[③]灵化知何术？神功寄药王。[④]

【说明】作者俞允文（1513—1579），字仲蔚，明代昆山（今江苏昆山）人。少年作赋，人异其才。中年致力于诗文书法，有《俞仲蔚集》。

【注释】①谷雨：二十四节气之一，在4月19、20或21日。这时长江以南广大地区百花盛开，正是蜂群繁殖的季节。②“泛滥”句：描写蜂群发生自然分蜂时的情景：蜜蜂纷纷从蜂窝里飞出，好像泛滥的水流，围绕着竹林飞翔。篁（huáng）：竹林。③“丛栖”句：“玉宇”“金房”均指蜂窝。长江以南有些地区旧法饲养中蜂常把蜂窝挂在屋檐下，避免雨淋日晒。④“神功”句：蜂蜜借药王而产生奇效。寄、借。王、旧时以神农、扁鹊为药王。

蜂蜜

李时珍

【释名】蜂糖：生岩石者名石蜜、石饴、岩蜜。时珍曰：“蜜以密成，故谓之蜜。《本经》[①]原名石蜜，盖以生岩石者为良耳。而诸家反致疑辩，今直题曰蜂蜜，正名也。”

【正误】恭[2]曰："上蜜出氐、羌中最胜。[3]今关中[4]白蜜，甘美耐久，全胜江南者。陶[5]以未见，故以南土为胜耳。今以水牛乳煎沙糖作者，亦名石蜜。此蜜非蜂作，宜去石字。

宗奭[6]曰："《嘉祐本草》石蜜有二，一见虫鱼，一见果部。乳糖既曰'石蜜'，则虫部石蜜，不当言石矣。石字乃白字之误耳，故今人尚言白沙蜜。盖新蜜稀而黄，陈蜜白而沙[7]也。"

藏器[8]曰："岩蜜出南方岩岭间，入药最胜，石蜜宜改为岩字。苏恭是荆襄间人，地无崖险，不知石蜜之胜故也。"

时珍曰："按别录云：石蜜生诸山石中，色白如膏者良，则是蜜取山石者为胜矣。苏恭不考山石字，因乳糖同名而欲去石字；寇氏不知真蜜有白沙而伪蜜稀黄，但以新久立说，并误矣。凡试蜜，以烧红火箸插入，提出起气是真，起烟是伪。"[9]

【集解】别录曰：石密生武都山谷、河源山谷及诸山石中。色白如膏者良。

弘景曰："石蜜即崖蜜也，在高山岩石间作之，色青赤，味小硷，食之心烦，其蜂黑色似虻。又木蜜悬树枝作之，色青白。土蜜在土中作之，色亦青白，味硷。人家及树空作者亦白，而浓厚味美。"

藏器曰："寻常蜜亦有木中作者，土中作者。北方地燥，多在土中；南方地湿，多在木中。各随土地所宜，其蜜一也。崖蜜别是一蜂，如陶所说：'出南方崖岭间，房悬崖上，或土窟中，人不可到，但以长竿刺，令蜜出，以物承取，多者至三四石，味硷色绿，入药胜凡蜜'[10]。"

时珍曰："蜂采无毒之花，酿以小便而成蜜，所谓臭腐生神奇也[11]。其入药之功有五：清热也，补中也，解毒也，润燥也，止痛也。生则性凉，故能清热；熟则性温，故能补中。甘而和平，故能解毒；柔而濡泽，故能润燥。缓可以去急，故能止心腹、肌肉、疮疡之痛；和可以致中，故能调和百药，而与甘草同功。”

蜜蜡

时珍曰：“蜡犹鬣也，蜂造蜜蜡而皆成鬣也……蜡乃蜜脾底也。取蜜后炼过，滤入水中，候凝取之。色黄者俗名黄蜡，煎炼极净色白者为白蜡，非新则白而久则黄也[12]。”

蜜蜂

时珍曰：“蜂尾垂锋，故谓之蜂。蜂有礼范蠆，故谓之萤……蜂子，即蜜蜂子未成时白蛹也。《礼记》有雀、鷃、蜩、范，皆以供食，则自古食之矣。其蜂有三种[13]：一种在林木或土穴中作房，为野蜂；一种人家以器收养者，为家蜂，并小而微黄，蜜皆浓美；一种在山岩高峻处作房，即石蜜也。其蜂黑色似牛虻。三者皆群居有王。王大于众蜂，而色青苍。皆一日两衙，应潮上下。凡蜂之雄者尾锐，雌者尾歧，相交则黄退。[14]嗅花则以须代鼻，采花则以股抱之。”

【说明】摘自《本草纲目》卷三十九虫部。作者李时珍（1518—1593），字东璧，号濒湖，蕲州（今湖北蕲春）人。承继家学，认为古籍所载旧药物讹错疏漏较多，有重新估价、补充、订正、整理的必要，遂遍访名医宿儒，广搜民间验方，远涉深山旷野，观察、收集药物标本，参阅古代文献，以《证类本草》为底本，结合自身经验，历时27年，于万历六年（1578）

编成《本草纲目》，共52卷，190万字。全书资料丰富，提出了较为科学的药物分类法，总结了我国16世纪前的药学理论，丰富了祖国的医学宝库。国外有多种文字译本，誉称“东方医学巨典”“中国植物志”。此外还著有《濒湖脉学》《奇经八脉考》等。

【注释】①《本经》：《神农本草经》的简称，也简称为《本草经》。药物学著作。约成书于秦汉时期。书中总结了秦以前药物学成就，是我国最早的药学专著。其中不少药物的疗效已被现代科学方法所证实，具有较高的科学价值。原书早佚，其内容多保存于历代本草著作中。②恭：苏恭，又名苏敬，唐代药物学家。与李勣、长孙无忌合撰《新修本草》（简称《唐本草》）。③“上蜜”句：氐(dī)、羌(qiāng)，我国古代西北两个民族。甘肃、宁夏古代有西北蜜库之称，所产蜂蜜有一部分用牛皮筏沿黄河顺流而下，约四五天即可到包头。把蜜卸下，放出牛皮筏里的气，将空牛皮运回甘肃、宁夏。这段路程如用车载走两个多月。④关中：指潼关到宝鸡一带。⑤陶：指陶弘景。⑥宗奭：寇宗奭，宋徽宗政和(1111—1117)年间医官。著《本草衍义》三卷。⑦“新蜜稀而黄，陈蜜白而沙”：该说法不甚确切，成熟的新蜜也是比较稠的。至于颜色，黄色蜜结晶呈黄色，只有白蜜，结晶才“白而沙”。⑧藏器：陈藏器，唐玄宗开元(713—741)时医官。撰有《本草拾遗》。⑨本段李时珍对历代名医关于蜜的质量标准的不同看法做了纠正，并提出了检验蜂蜜真伪的办法。古代对蜂蜜质量优劣的认定，以产地为依据。从现有资料可知，崖蜜最好，木蜜居中，土蜜较差。其实，蜜的质量优劣，应以蜜源植物的等级和酿蜜的成熟度为依据。⑩“出南方”句：描述了掏崖蜜情况。古人认为崖蜜和药比其他蜜都好。⑪“酿以”句：作者认为粪便是酿蜜的原料，其实是一种误解。蜜蜂到有粪便和污水坑中是吸取水分和盐分，盐是饲喂蜜蜂幼虫的必需品。有经验的养蜂人都在巢门附近放置个淡盐水的容器，供蜜蜂采集，避免蜜蜂到污秽处采水。⑫明代以前的名医认为蜡“生于蜜中”“蜡生武都山谷蜜房木石间”，或认为“新蜡色白，随久则黄”。李时珍经过调查了解，记述了蜜蜡的提炼方法及其色泽不同的原因。⑬其蜂有三种：其实是一种。只是由于居住条件不同，工蜂体色略有差异。居住在石洞、土洞、树洞的工蜂，体色稍黑，而住在薄木板蜂窝里的工蜂，体色稍黄。但是，蜂王、雄蜂的体色似无差别。⑭“凡蜂”句：古人认为工蜂也有雌雄，交配后体色变化。其实，工蜂都是雌性蜂，不能交配。工蜂老化后，躯体上黄色绒毛磨掉了，露出黑色几丁质背板。作者以为这是交配后的变化。

园蜂逐寇

吴石湖先生居北俞塘，倭寇[1]入犯时，独与七岁小苍头[2]坐浩然楼上，读书自若。已而数倭闯入，见壁间有所畜蜜蜂一房，以刀击之，蜂拥其面，倭惊仆草中，已而群倭皆共击蜂，蜂尽出螫倭，面目臃肿，俱相戒不敢犯。以此浩然楼独存，而东西五里余俱免焚劫，先生有《园蜂逐寇歌》。

【说明】摘自《松江府志》。

【注释】①倭寇：14 ～ 16 世纪，劫掠我国和朝鲜沿海地区的日本海盗集团。嘉靖三十一年（1552）以后的三四年间，江、浙军民被杀害者达数十万人。江、浙、闽受害最烈，山东、广东也遭波及。明末才逐渐平服。②苍头：奴仆。

蜜蜂

菜花盛时，于古穴山野间收取。[①]或编荆囤，或造木匣[②]，两头泥封，开一二小窍，使通出入。另开一小门，时时开却。扫却令净，不使他物所侵。[③]相近檐下，去蜘蛛网，及防山蜂、土蜂蠹蚀。[④]

九十月间，天气渐寒，百花已尽，宜留冬月所食蜜，余者割取作蜜蜡[⑤]。

至春三月，扫除仍如前法。养久蜂盛，一窠止留一王，遇蜂王分窝，群蜂飞去，用碎土撒而收之，别置一筒，并忌火日[⑥]。

割蜜法：先照蜂窠样式再做木匣一二层，抽去底板，将方匣接收安置，仍以底板衬之，令蜂做蜜脾子于下。停数日，乘蜂夜伏而不动之时，用刀割取或用细绳勒断，却封其窝。然后以蜜脾子用新生布滤净，磁器盛之。

滤存蜜渣，入锅内慢火熬煎，俟融化扭出渣再熬。用锡镟或瓦盆，先盛冷水，次倾蜡在内，以蜡尽为度。

【说明】《增补农圃六书·畜牧·蜜蜂》节录。该书署名为陶朱公先生纂辑，陈眉公先生手订。也称《陶朱公致富奇书》或《致富全书》。实际是托春秋末陶朱公范蠡之名，明、清间书商辑录编写的。据梁启超考证，《农圃六书》的作者为明人周之屿。

【注释】①“菜花盛”句：指油菜花盛开时，农历二三月，可以收取野生蜂群。②“造木匣”：木匣是用木框造的四方形蜂窝。按照蜜蜂生活习性，蜂脾上部为蜜圈，中部为花粉圈，下部为产卵圈。蜜蜂繁殖盛期，可在下部加同样大小的方匣（即四方框蜂窝，中间架框梁），使蜜蜂造脾向下扩展，产卵圈也随之下移。这样既有利于酿蜜，又有利于蜂群繁衍。

在旧法养蜂中，这是一种较为先进的蜂窝。长江下游大部分地区多用这种蜂窝。③“扫却”句：指蜂窝底部的蜡渣等污物都要清扫干净。④“相近”句：指巢虫、蚂蚁也要清除。巢虫钻到巢脾里结茧、化蛹、蠹蚀蜂窝。山蜂、土蜂是咬死蜜蜂、盗食蜂蜜的敌害。⑤“宜留”句：指留足越冬期所食之蜜，是关系到来年蜂群发展的重要因素，如果全部割取或留蜜太少，蜂群会饿死。⑥“火日”：古代以金、木、水、火、土五行分四时。古人认为火日不宜分蜂，这是一种迷信思想。旧法饲养中蜂，都是自然分蜂，养蜂人难以控制。

相蜂

蜂每岁三四月则生黑色蜂[①]，名曰将蜂，又名相蜂，蜂王乃相蜂所生也[②]。

相蜂不能采花，但能酿蜜，若无此蜂，不能成蜜。[③]至七八月间相蜂尽死，相蜂不死则蜂群饥。[④]俗云：相蜂进冬，蜂族必空。

蜂王大如小指，不螫人。蜂无王而尽死，有二王即分[⑤]，分时多老王逊位而出[⑥]。均擘其半，未尝多寡。[⑦]从王而出者，不复回飞。[⑧]王之所在，蜂不螫人。飞止必环卫其王，皆有队伍行列。[⑨]

采花时，一半守房，一半挨次差拨，花少者受罚[⑩]。每日必三朝。[⑪]

【说明】摘自《增补农圃六书·畜牧·蜜蜂》。

【注释】①黑色蜂：即雄蜂，古时候养蜂的人管它叫“将蜂”或“相蜂”。②“蜂王”句：作者认为蜂王乃相蜂所生，不知相蜂是雄蜂，不会产卵。但是，“黑色蜂”的出现与新蜂王有关系，蜂群的发展规律是，先出现雄蜂，后出现新蜂王。③“相蜂”句：作者认为相蜂可以酿蜜，是一种误解。殊不知，相蜂既不能采花，也不能酿蜜。农历三四月间，百花盛开，蜜粉源丰富，是“黑色蜂”（雄蜂）大量出房之时。若群势弱，蜂蜜歉收，蜜粉源缺乏，蜂窝里没有存蜜，蜂王便少产或不产雄蜂卵，蜂群里就没有“黑色蜂”。古人误认为雄蜂多，酿蜜也多，并由此得出了“若无此蜂，不能成蜜”的错误结论。④“至七八月间”句：意思是说，过了自然分蜂季节，至七八月间蜜粉源缺乏，工蜂就把“相蜂”（雄蜂）逐出巢外，任其冻饿而死。蜂群越冬期不养活那么多仅消耗冬粮的雄蜂，这样对蜂群生存有利。此时，如某一群的工蜂不逐“相蜂”，说明这一群只有储精不足的老蜂王、受精不良的新蜂王与未交尾的处女王。只有这样，蜂群里的工蜂才不驱逐雄蜂，因为上述三种蜂王冬季容易死亡。即使不死，由于它的产卵力弱，到第二年春季对于蜂群繁殖也不利。后句引用的“相蜂进冬，蜂族必空”的谚语，正确地反映了蜜蜂的这一生物学特性。⑤“蜂无王”句：蜂群失王，全群就会死亡。这是因为中蜂群失王以后，秩序紊乱，不久工蜂就开始产卵，孵育出来的全是没有饲养价值的小雄蜂。巢虫大量滋生，不久全群蜜蜂即死亡。旧法饲养的中蜂经常发生这种现象。“有二王即分”：一般情况是蜂无二王，但不是绝对的。中蜂分蜂的季节性比较强，过了自然分蜂的季节，蜂群里自然更换蜂王时，大部分采取两种方式：一是“自然交替”。新蜂王出房后将老蜂王蜇死。二是“母女同巢”。新蜂王出房后不将老蜂王螫死，母女同巢产卵几个月以后，老蜂王自然淘汰。中蜂“母女同巢”的现象比西方蜜蜂多。⑥“分时”句：指蜂群发生自然分蜂时，老蜂王把原来的蜂巢让给新蜂王。古人已认识到这一点，但他们不知处女王群分群，是先出房的处女王也把原来的蜂巢让给后出房的处女王。逊(xùn)：退让。⑦“均擘”句：分裂成蜂群的一半，不曾发生或多或少的现象。擘(bò)：分裂。这种说法也不完全正确，蜂群在发生多次自然分蜂的情况下，分蜂群的蜂数是一次比一次少。⑧“从王”句：蜂群发生自然分蜂时，随王飞走的蜂群不再飞回原巢。常见的情况是，分蜂群从原巢飞出去不远就在树上结团，养蜂人把分蜂群收下来，另放在一个新位置。收蜂时免不了丢下100～200只蜜蜂，它们与分蜂群失去联系，就留在分蜂群结团处，也不飞返原群，有时还会造一块小巢脾，以后一只一只地死亡。⑨“飞止”句：指分蜂群飞出去以后，以蜂王为中心，蜂王落在哪里，蜜蜂就聚集在蜂王的周围。“皆有队伍行列”不过是一种形容。⑩“一半”句：形容外勤蜂出巢采集，受蜂群里的统治者支配，一只一只派遣。实际情况是，工蜂的内、外勤分工是由日龄决定的：出房1～12天的幼蜂做清扫巢房的工作；出房4～5天的幼蜂做饲喂幼虫的工作；出房10天左右的青年蜂做酿蜜、造脾、调节巢温和保卫蜂巢等工作；出房半个月左右的壮年蜂由内勤蜂转为外勤蜂，出巢采集花蜜、花粉、水、盐等物质，但不可能有“花少者受罚”的现象。⑪“每日”句：可能是把外勤蜂早、晚出巢采集和青年蜂中午出巢试飞的现象，当作是它们向蜂王“朝拜”。

养蜂

周文华

三月，修蜂筒。[①]

四月，小满前后割蜜则蜂盛。[②]

四足各盛宽深瓦钵，贮水常盈，北方用此贮床足以防毒蝎，南方用此法安顿蜂箱以防蚁。[③]

又蜜蜂采其花俱用双足挟二珠[④]，唯采兰花则但背负一珠[⑤]，相传以此顶献蜂王[⑥]。

【说明】摘自《汝南圃史》。作者周文华，字含章，明代苏州（今江苏苏州）人。《汝南圃史》是一部叙述种植花束蔬果经验的农书，书成于明万历四十八年(1620)。

【注释】①“三月”句：蜂筒即蜂窝。蜜蜂居住的蜂筒不能修，因为蜜蜂受震后离脾或蜇人。可能是修没有蜜蜂住的空蜂筒，为分蜂做准备。农历三月是长江以南的蜂群发生自然分蜂的季节，所以要做收蜂的准备。②“四月”句：小满，二十四节气之一。在5月20日、21日或22日。小满前后正是百花盛开、蜂群繁殖的季节。这时割蜜，蜂群既不会挨饿，又可以多造新脾，为蜂王扩大产卵面积创造了有利条件。但是，旧式蜂窝饲养的中蜂，割蜜时可能损失很多的卵、幼虫、蛹和幼蜂，对蜂群繁殖不利。如果说“小满前后割蜜则蜂盛”，使用多层方格蜂箱是可以的。③“四足”句：这是一种简易的预防蜜蜂敌害的方法，即在瓦钵里注满水，把蜂箱安顿在瓦钵里的支架上，用这种办法可以防止蝎子、蚂蚁钻到蜂窝里去为害。④“又蜜蜂二珠”句：即蜜蜂采得花粉后便放在后足花粉篮里，形成两个花粉团。⑤“唯采兰花”句：是说如采兰花，则将花粉团背在背上。是否有这种现象，有待验证。但是，中蜂背负两个花粉团的现象是有的。蜜蜂研究者在湖南省城步苗族自治县曾发现中蜂背部翅根有两个花粉团，当时曾反复观察了许多群，都有这一现象。⑥“相传”句：兰为“王者香”，古人显然是从兰花的这一文化内涵出发，认为蜜蜂采集花粉后，放在头顶上去献给蜂王。其实，蜂王是不吃花粉的，蜂群活动的季节哺育蜂吃了花粉后分泌王浆，供蜂王食用。

蜂蜜

宋应星

凡酿蜜蜂，普天皆有，惟蔗盛之乡，则蜂蜜自然减少[1]。蜂造之蜜，出山岩、土穴者，十居其八，而人家招蜂造酿而割取者，十居其二也。[2]凡蜜无定色，或青或白，或黄或褐，皆随方土、花性而变。[3]如菜花蜜、禾花蜜之类，百千其名不止也。凡蜂不论于家于野，皆有蜂王。王之所居，造一台如桃大。[4]王之子世为王。[5]王生而不采花，每日群蜂轮值，分班采花供王。[6]王每日出游两度（春夏造蜜时），游则八蜂轮值以待。[7]蜂王自至孔隙口，四蜂以头顶腹，四蜂傍翼飞翔而去，游数刻而返，顶翼如前。[8]

畜家蜂者，或悬桶檐端[9]，或置箱牖下，皆锥圆孔眼数十，俟其进入。凡家人杀一蜂二蜂皆无恙，杀至三蜂，则群起螫人，谓之蜂反。[10]

凡蝙蝠最喜食蜂[11]，投隙入中，吞噬无限[12]。杀一蝙蝠。[13]悬于蜂前，则不敢食，俗谓之枭令[14]。

凡家蓄蜂，东邻分而之西舍，必分王之子去而为君[15]。去时如铺扇拥卫，乡人有撷酒糟香而招之者。

凡蜂酿蜜，造成蜜脾，其形鬣鬣然[16]。咀嚼花心汁，吐积而成。[17]润以人小遗，则甘芳并至，所谓“臭腐神奇”也！[18]

凡割脾取蜜，蜂子多死其中，其底则为黄蜡。凡深山崖石上，有经数载未割者，其蜜已经时自熟，土人以长竿刺取，蜜即流下。或未经年而扳缘可取者，割炼与家蜜同也。土穴所酿，多出北方，南方卑湿，有崖蜜而无穴蜜。凡蜜脾一斤，炼取十二两。西北半天下，盖与蔗浆分胜云。[19]

【说明】摘自《天工开物·甘嗜》，民国二十三(1934)年，北京图书馆影印本。作者宋应星(1587—？)，明代科学家。字长庚，江西奉新人。所著《天工开物》为我国古代科学技术名著。其他著作有《野议》《论气》《谈天》等。

【注释】①“惟蔗”句：“惟蔗盛之乡，则蜜蜂自然减少”的说法，并不完全正确，广东、广西种甘蔗的地区也有很多的中蜂。②“蜂造之蜜”句：从这一记述中可知，我国在三四百年前，来自野生中蜂的蜂蜜比来自家养中华蜜蜂的多七八成。③“凡蜜”句：这一观点改变了从前以产地（如石蜜、术蜜、土蜜等）为依据判断蜂蜜质量的标准，而以“方土、花性”为标准。④“王之所居”句：中蜂的王台比花生还小，仅如乳头状。“如桃大”太夸张了。⑤“王之子”句：此言有误。蜂王并非世袭，是根据蜂群发展需要培育生成的，蜂王的专职是产卵，它产卵的时候，周围有10只左右侍从蜂（哺育蜂）跟随着，蜂王产卵间歇时，侍从蜂吐出王浆饲喂它。如果蜂王从这一张巢脾爬到另一张巢脾上去产卵，侍从蜂并不跟过去，而是由另一张巢脾上的工蜂组成侍从蜂。⑥“王生而不采花”句：蜂王一生中从来都不去采花粉，这是蜂群的不同类型蜂的分工所决定的。⑦“王每日出游两度（春夏造蜜时），游则八蜂轮值以待。”并没有这种现象，只是处女王出房四五天后，在晴暖的午后2～4点，出巢试飞或交尾，在处女王出巢前10～20分，先有一部分工蜂活跃在巢门前，并不一定是8只，可能有几十只，强群多一点，弱群少一点。⑧“蜂王自至孔隙口”句：接上句，蜂王单独飞出去试飞或交尾。交尾成功后，除发生自然分蜂之外，蜂王从不飞出巢外，更没有“四蜂以头顶腹，四蜂傍翼飞翔而去”的现象。⑨“畜家蜂者，或悬桶檐端”句：长江以南有些地区旧法饲养中蜂，有的把蜂桶挂在房檐的下边，这样既可防日晒，又可避雨淋，只是清扫蜂窝和割蜜的时候比较麻烦。⑩“凡家人”句：“杀至三蜂”能够引起“蜂反”的说法，虽非普遍现象，但有一定道理。在蜂群管理和试验工作中，有时压死或杀死几十只、几百只蜜蜂，并没有发生过“蜂反”的现象。但是，蜂群过于集中，1～1.5千米地之内放置几百、几千群蜜蜂，到秋季蜜源缺乏发生盗蜂之时，如在蜂场附近捕打、杀害蜜蜂，可能引起蜜蜂群起蜇人，甚至发生蜇死人或畜的事故。因为打死蜜蜂或蜜蜂蜇人或者牲畜的时候，能放出一种蚁酸的气味，这种气味对蜜蜂的刺激相当敏感，能引起蜜蜂飞向被蜇的人或畜群起蜇刺。如不及时救护能造成伤亡。如果发生这种现象，要迅速躲进室内，或用被单、塑料薄膜等覆盖被蜇人畜，并赶快点燃柴草用烟将蜜蜂熏散。⑪“凡蝙蝠最喜食蜂”句：夏季日出前、日落后蝙蝠在蜂场上空迂回飞翔，捕食蜜蜂，应该设法驱逐。⑫“投隙入中，吞噬无限”句：该说法不太可能。因为蝙蝠活动的季节，蜜蜂也开始活动，蝙蝠属鼠类，鼠类最怕蜂蜇，如果蝙蝠钻到蜂窝里，一定会被蜜蜂蜇死，不会出现“吞食无限”的现象。有一种可能是，蜜蜂因饿而死后，蝙蝠钻到蜂窝里去住，古人误以为是蝙蝠把蜂群吞食殆尽。⑬“杀一”句：接下句，杀死一只蝙蝠挂在蜂窝附近警告。⑭枭令：杀以示禁。“枭”(xiāo)：枭首示众，悬首示众。⑮“必分”句：关于蜂群的分蜂情况，古人早有“分蜂时老王逊位而出”的正确结论。⑯鬣鬣然：像马鬃的样子。形容旧式蜂窝里的蜜脾，好像马鬣。迄今有的地方管旧式蜂窝里的蜜脾子仍称“蜜鬣子”。

鬣(liè)：兽类颈上的长毛马鬣、马鬃。⑰“咀嚼”句：古人把花心（花蕊）和花汁（花蜜）说成是酿制蜂蜜的原料。蜜蜂从花蕊上采集花粉，花粉含蛋白质比较丰富，是蜜蜂的粮食。蜂群越冬期不需要花粉，活动的季节，如果缺乏花粉，哺育蜂不能分泌王浆，蜂王无王浆可食就不能产卵；即使蜂王产少数卵，也不能孵育成幼虫；因为从卵壳里孵育出来的小幼虫没有稀王浆浸润不能成活。花粉也是大幼虫巢房封盖物质的主要成分。因此，花粉对于蜂群的繁殖和生存是十分重要的。花蜜是蜜蜂酿蜜的原料，是蜂群里的能源。古人已认识到花蜜和花粉是蜂群生活、生存中不可缺少的物质。⑱“润以”句：用人们的尿液滋润（“花心汁”），则甜味、香味都有了，这就是化腐朽为神奇。小遗：小便。“臭腐神奇”语见《庄子·知北游》。原文是：“是其所美者为神奇，其所恶者为臭腐。臭腐复化为神奇，神奇复化为臭腐。”含有事物互相转化的哲学思想。蜜蜂去人小便处的目的是采集饲喂蜜蜂幼虫饲料里需要的盐分，如果在喂蜂的饮水器里加点食盐，可以预防蜜蜂飞到大、小便池或倒脏水的地方去采集，这样既卫生，又可减少蜜蜂采盐分的劳动。⑲“西北”句：西北的蜂蜜产量占了中国的一半，大概与蔗糖产量不相上下。胜：胜过、超过。分胜：不分胜负。说明明代西北地区产的蜂蜜与东南产的蔗糖数量差不多。西北自古就是我国的蜜库，“养蜂不用种，只要勤作桶”的民谚就流传在陕甘宁地区。

养蜂

方以智

蜂畏蒲虫[①]，触其粉即死，故以鳖甲凿数户出入之[②]。箱宜数层，向南壁间煖也。[③]喜顺恶逆，以左置右则盛，诸箱立架，皆顺而稍下，不得过敌祖房。[④]凡蜂分以上盖涂蜜或酒糟收之。[⑤]视其蜜脾，以夜熏纸烟则上，乃切而取之。临冬泥墐，衣以绵著。[⑥]视其食少不及至春采花，则以子鸡褪毛去内脏悬于窝中饲之。[⑦]

其所切者，以布绢沸洁。[⑧]煎去其沫为上蜜，其滓则易水煎，浮水上者取而压干，复入釜煎，水竭入滑器脱下，即黄蜡也。其所涤水滤洁置日中，晒亦成醯。[⑨]

王元之曰：王台子多则分房不盛[⑩]，山甿以棘刺关于王台，留其一子[⑪]。

【说明】摘自《物理小识》卷十一，鸟兽类。作者方以智(1611—1671)，明清之际思想家、科学家。字密之，号曼公。桐城（今属安徽）人。入清为僧，名弘智，著作有《通雅》《物理小识》等。

【注释】①蒲虫：可能蜡螟的幼虫，又称巢虫。②“故以”句：在鳖甲上凿几个小窟窿，作为蜂窝的巢门。这个办法可以防止鬼脸天蛾和芝麻鬼脸天蛾钻到蜂窝里去吃蜜，但却不能防止巢虫（蜡螟）钻到蜂窝里为害。③“箱宜数层”句：在我国长江以南有地区用一种多层方格蜂箱饲养中蜂，使用办法为在蜂群发展时期造的巢脾接近箱底时，从下边再加一个方格箱套，这样巢脾继续往下延伸。蜜蜂的习性是往巢脾的上部储存蜂蜜和花粉，蜂王在巢脾的下部产卵。取蜜时用细铅丝或细麻绳把上层的方格箱套连同蜜脾勒断。蜂群活动季节既能够随时取蜜，又不损失卵、幼虫、蛹和幼蜂。

这种方格多层蜂箱是旧法饲养中蜂最先进的蜂窝（见《农圃六书·蜜蜂》）。煖：同“暖”。④“喜顺”句：“喜顺恶逆”，是指新分群的蜂窝自左往右放置则顺，自右往左放置则逆。“诸箱立架”，是放置蜂箱的架子，“皆顺而稍下”，都从左往右而稍微矮一点，不能超过或相当于原群的蜂箱的高度。祖房：指原群的蜂箱。过：超过。敌：相当于。这种按人类宗族观念摆放蜂箱的想法是没有科学道理的。⑤“凡蜂分”句：是指在蜂群发生自然分蜂时，把蜂箱的上盖里面涂上蜜或酒糟，使箱盖贴近蜂团，蜜蜂嗅到这种气味，逐渐聚集到箱盖里面。结团后把箱盖连同蜂团拿回，翻过来（使蜂团朝下）盖在方格空蜂箱上，蜜蜂在箱内开始造脾，收捕即告成功。⑥“临冬”句：冬季到来之前，用泥把蜂箱的缝隙涂塞严实，用棉等保温物把蜂箱包裹起来。绵：丝绵。这里指能保温的棉绒。⑦“视其”句：以鸡肉作蜂粮系作者沿用前人的讹传。⑧“其所”句：把切下来的蜜脾，用布或绢将蜜过滤干净。泲(jǐ)：过滤、挤出。⑨“其所涤水”句：这是做蜜醋的方法，即把挤完蜜的蜜脾渣滓，换一两次水洗涤干净，滤洁后装在坛子里，封严，放在日光下晒十天半个月变成醋。醯(xī)：醋。⑩“王台”句：王台多，就会分成许多弱群，对蜂群繁殖和采蜜均不利。⑪“山甿”句：从外地迁来山区的养蜂农民，用酸枣树的棘针把王台里的幼王刺死，只留一个王台，以防止蜂群自然分蜂。甿(méng)：同“氓”，百姓的古称，多指外来人。古人已认识到只有强群才能多采蜜，所以，采用用棘针把王台里的幼王刺死的办法控制分蜂。但只留一个王台（“留其一子”）并不能阻止蜂群发生自然分蜂。因为自然分蜂大部分是老蜂王与一部分蜜蜂飞出去另觅新巢，把原来的蜂巢留给即将出房的新蜂王。

咏蜂

归庄

蜂房裁一尺，分得万花香。[①]酿味随春老，飞声人午长。[②]林端倦采撷，屋角喜翱翔。间咏少陵句，天寒殊未当。[③]

【说明】作者归庄（1613—1673），明末清初文学家。字玄恭、尔礼，号恒轩，入清后更名祚明，昆山（今属江苏）人。归有光曾孙。明末诸生，复社成员。曾参加抗清斗争，失败后一度改僧装亡命。工诗文，善书画。与顾炎武齐名，有“归奇顾怪”之称。原集已佚，有《恒轩诗稿》《归玄恭先生诗文稿》等抄本传世。今人所辑以《归庄集》较为完备。

【注释】①“蜂房”句：形容蜜蜂采蜜不易，一尺左右的蜂房诸蜜，需要采花千万朵。②“酿味”句：作者认为蜜酿成后，时间越久，味道越醇甜。日到中午，蜜蜂飞出时间就长。③“间咏”句：少陵即杜甫，他在《秋野五首》中有“天寒割蜜房”之句，作者认为“蜜以初夏熟，子美‘天寒割蜜房’之句，不能无疑”。（见自注）他疑惑杜甫蜂蜜夏熟冬割的说法有误。其实，取蜜时间南方、北方不尽相同。南方多在小满前后（见《汝南圃史》）开始割蜜。华北、西北则是天寒割蜜。南、北方割蜜时间不同的重要原因是使用的蜂窝不同。北方蜂窝蜂蜜、蜂子都在一块脾上，入冬割蜜，可以少毁子脾。南方多用多层方格式蜂窝。

养蜂歌

查慎行

逆旅主人贪养蜂，木柜中结房千重。[①]别开孔窍听出入，高置檐宇虞奔冲。[②]颇同君臣俨有礼，稍别种族如知宗。[③]两衙薨薨勤鼓翅，四序扰扰无停踪。[④]妇姑勃谿或同室，子弟盛壮旋分封。[⑤]秦宫每向花底活，韩凭大抵枝头逢。[⑥]苦兼黄连充药使，甘比稼穑成花农。[⑦]乾坤大哉类斯聚，形体眇尔性则凶。[⑧]天生是物本岩谷，于世无竞宜相容。[⑨]自求辛螫谁作俑，乃至役物为人佣。[⑩]僦居一椽在隘巷，逼侧欲避愁无从。[⑪]明知仓卒非大害，未免有意防针锋。[⑫]吾将纵女任所适，解衣盘礴便疏慵。[⑬]主人一笑不见许，留待割蜜当严冬。

【说明】摘自《敬业堂诗集》卷二十五。(四库丛刊初编，上海商务印书馆缩印刊本）。作者查慎行(1650—1727)，清诗人。字悔余，号初白，初名嗣琏，字夏重，浙江海宁人。少从黄宗羲、钱澄之受学。其诗多记行旅，也能词，有《敬业堂诗集》《补注东坡编年诗》等。

【注释】①“逆旅”句：指旅店人用木柜养蜂。贪：爱好。千重：形容蜂房密密麻麻。②“别开”句：木柜蜂窝开个小巢门，高放在屋檐下，既可避雨淋日晒，又可使蜂自由飞翔。③“颇同”句：蜂有君臣之礼，且能辨认自己的蜂窝，就像人懂得不同宗族一样。④“两衙”句：指作者认为众蜂嗡嗡，朝暮拜见蜂王，四季不停。其实，蜜蜂“勤鼓翅”的作用一是调节蜂窝内温度，二是排除蜂蜜中的水分。越冬期蜂群活动减少，鼓翅频率也随之减缓或停止。⑤“妇姑”句：妇姑，妇姑指儿媳和婆婆。谿(xī)：家庭争吵。语出《庄子·外物》：“室无空虚，则妇姑勃谿。”

旋分封：很快就分蜂。⑥“秦宫”句：用秦宫、韩凭故事比喻蜜蜂一生寄身于花下，飞翔于枝头。秦宫是东汉大将军梁冀宠爱的家奴，也受冀妻孙寿的爱幸。唐代李贺曾有“秦宫一生花底活”的诗句。韩凭：战国宋康王舍人。其妻何氏为康王夺去，凭夫妇相继自杀。一夜之间，两塚间生出梓木，旬日盈抱，根交于下，枝错于上。北周庾信赋：“佳栖梓树，堪是韩凭。”⑦“苦兼”句：蜂采百花酿蜜，随花泌蜜不同，色、香略有差异，但绝大多数都是甜的。唯有黄连蜜，稍带苦味。据《本草纲目》记载：“近世宣州有黄连蜜，色黄味小苦，主目热。”作者称赞蜜蜂采花酿蜜就像辛勤耕耘的花农一样。稼穑(sè)：指农业劳动。⑧“乾坤”句：指蜜蜂虽小，螫人很痛，性情很凶。眇(miǎo)：微小。⑨“天生”句：蜜蜂本是野生昆虫，聚居在岩穴之中，与世无争。⑩“自求”句：是谁第一个把蜂引到家养，驱使它为人服务？俑(yǒng)：古代殉葬用的木制或陶制的偶人。始作俑者，指首开恶例。这是首开家养蜜蜂先例。⑪“僦居”句：蜜蜂被引为家养，寄人篱下，居住狭窄，想避开人都无处躲。僦(jiù)：租赁。⑫“明知”句：人们虽然知道蜜蜂无害，但也都躲避蜂蜇。⑬“吾将”句：作者想将蜜蜂放飞，回归自然，主人婉拒。女：同“汝”。解衣：解下他的衣服给我，以示关心。语出《史记·淮阴侯传》：“解衣衣我。”盘礴：也作盘薄，指根基牢固，白居易有“根深尚盘礴”的诗句。这里是说蜜蜂飞回岩谷，避免养蜂人毁巢割蜜。疏慵：懒散。孟郊诗“居止多疏慵”。这里指蜜蜂可以获得自由。

采花蜂

叶宝林

遍采名园万树芳，春风鼓铸满篝粮。[①]徒劳巧酝三冬计，讵料难留百叠房。[②]甘苦不须重借问，艰辛回忆倍堪伤。若还解得“为谁”语，随分安身是道场。[③]

【说明】作者叶宝林。生平不详。作者看到采花蜂辛勤采集、酿蜜，其劳动果实被人夺走，对这小小昆虫深表同情。

【注释】①“遍采”句：蜜蜂遍采万株花朵，酿制成蜜，储满蜂房。鼓铸：原指鼓动风箱炼铸金属。这里指蜜蜂振翅扇风酿制蜂蜜。篝：竹笼。指竹笼式的蜂窝。②“徒劳”句：蜜蜂酿蜜是准备越冬食用，不料储蜜的蜂房却被人割取。计：生计。百叠房：指蜂房。③“若还”句：如果蜜蜂懂得“为谁辛苦为谁甜”，自己徒劳无所得的话，就应该只把蜂房做栖身之地，不必储备那么多的蜂蜜。道场：指佛教礼拜、诵经、行道的场所，这里指蜂房。

蜜蜂

蒲松龄

蜂宜不时扫除，治其虫蚁，夏月勤视，去其乳王，勿使分，分则老蜂衰[①]。少王[②]在脾上独高，垂如牛乳状，则掐去之。又以手摸脾之背面，觉似此物，并去之。其有分出者，于窝旁积土、水，及期撤落，收养之。[③]蜂以芒种前后收者上，临秋则晚；至冬，无脾可隐，无蜜可食，非冻而死，则饥而毙。蜂中每三四月生黑者，名将蜂，一名相蜂，不能采花，只能酿蜜，故俗名“蜜博士”，至秋，尽去。[④]谚云：“相蜂过冬，蜂族必空。”言饥也。收蜂之后，见其门户清静，来往不繁，经营不勤，此去兆也。便预积水土，凌晨，早俟以候撒收；再收得后，宜作窝他处安置之，不则捡捉其王，以香炷粹其双翼，使不得飞，翼既长，则脾已层叠，不忍舍之而去矣。蜂巢诀云："不喜宽喜窄，不喜明喜黑。"

【说明】摘自《农桑经》。作者蒲松龄(1640—1715)，清文学家。字留仙，一字剑臣，号柳泉居士。淄川（今山东淄博市淄川区）人。著有《聊斋志异》《农桑经》等。

【注释】①老蜂衰：指分蜂以后原群蜂数减少。老蜂：即老窝。②少王：未出房的幼王及其王台。③"其有"句：往分蜂群的蜜蜂身上泼水，可预防蜜蜂远飞或在高处结团。④"蜂中"句：将蜂、相蜂，均指雄蜂。古人将多才多艺者称为博士，他们认为雄蜂能酿蜜，所以给它"蜜博士"的雅号。实际上雄蜂的职能只是与处女王交配，繁衍后代，它既不采花，也不酿蜜。北京远郊山区至今还有人称雄蜂为"蜜把式"。

三、绘画

蜜蜂给人以玲珑的美感，"长日融和舞细腰"。(宋·吕徽之《壶蜂》)这位腰肢纤细的舞女就是蜜蜂。李商隐在《咏蜂》中，竟将蜜蜂比喻为腰细身轻的传说中的伏羲之女、洛水之神宓(fú)妃和汉成帝后赵飞燕，可见它艺术形象的美好。作为花媒的蜜蜂是画家们常描绘的昆虫之一，时不时出现在作品中。就传世作品而言，自五代至近代均有，其中有的是画谱、画稿类的写生作品。这种绘画一般多采用工笔、静态的形式，大小、比例、颜色都与蜜蜂实物相吻合，具有较高的写实性。大部分则是蜜蜂与各种花卉画在一起，工笔、写意两法兼而有之。多表现众花引来蜜蜂采蜜的情景，还有的再配以其他昆虫，常见的有蝴蝶、蝗虫、瓢虫、蜻蜓等。意在增加作品的生动性、趣味性，给观赏者以卧游之乐。这或许也是蜜蜂入画的原因之一。在古代，有一种扬蜂抑蝶的传统观念，唐代诗人温庭筠 (约 812—866) “蝶是‘花贼玉腰奴’，蜂为‘蜜官金翼使’”的评价具有代表性。但为什么又蜂蝶同画呢？这或许是由于它们在美学价值上的互补作用。美丽的蝶与勤劳的蜂，以象征吉祥、欣欣向荣的花草为依托，呈现了和谐的美，充实了它的文化内涵。

现存最早的蜜蜂图，目前所知见于五代画家黄筌 (903—965) 为其子黄居宝绘制的一幅临摹用的《写生珍禽图》(图 3–2)，现收藏于故宫博物院。黄筌，字要叔，成都人，后蜀“翰林待诏”，权院事(皇家画院的主管人员)。

图 3–2 《写生珍禽图》 黄筌

此图为绢本、设色，纵 41.5 厘米，横 70 厘米。上面画有昆虫、雀鸟及龟类，共计 24 只，其中蜂类有 4 只，3 只从形体上看应排除是蜜蜂，一只画在画幅最右侧边沿的，由于画卷年代久远，绢边残破受损，其蜂体只余前部大半个身，蜂尾部已不复存在，但就形体状态而言，在 4 只小蜂中唯此是蜜蜂。蜂体全以细笔勾画，刻画生动逼真，笔法工整细致。头、身、腿施赭石色加墨，翅用淡墨渲染，呈半透明状。

中国花鸟画发展至明、清及近代不仅取得巨大成就，其绘画作品数量也蔚为壮观。画家中不仅包括文人画家，还有专为皇室服务的宫廷御用画家。他们以不同的笔墨表现、高超的绘画技巧，把蜜蜂飞翔、落于花上、采蜜等形态表现得真实、准确、活泼、可爱。现就其中的部分作品介绍如下：

（一）明 傅清《萱蜂花石图》扇页

金笺地，设色。纵 17.9 厘米，横 49 厘米。

傅清，字仲素，明天启 (1621—1627) 年间，华亭 (今上海市松江) 人。生卒年不详。善画禽鸟、花卉。《萱蜂花石图》，描绘了秋天里，几株萱草、石竹花丛生于石旁，枝叶在微风中轻轻摇摆，两只蜜蜂在空中飞舞盘旋的情景。画法疏简，尽现蜜蜂轻盈妙曼之态。蜜蜂以写意法画，直接用墨和赭石色点染，意到笔到。

（二）明 王维烈《设色花蜂图》（图 3-3）扇页

金笺地，设色。纵 18.3 厘米，横 55 厘米。

图 3-3 《设色花蜂图》 王维烈

王维烈，字无竞，明天启、崇祯年间(约16世纪末至17世纪初、中期)吴郡（今江苏苏州）人。善画花卉翎毛，师法同时代花鸟画大家周之冕，成就仅次于周民。此图描绘叶茂花繁的一枝海棠花，花或盛开或含苞，俯仰交错，疏密有致，有绿叶相衬更显格外娇艳。三只蜜蜂飞向芳馨的花朵，或飞或降或落，栩栩如生。蜂身用墨笔勾勒，施浅藤黄色，翅染淡墨，有薄透之感。扇页左方书款：“王维烈似海岳词丈。”这里“词丈”应是对年长文人学者的尊称。

（三）明 姜泓《蜜蜂凤仙图》册页

绢本，设色。纵29.9厘米，横27.2厘米。

姜泓(明，生卒年不详)，字在湄，号巢云，杭州人。善画花鸟，笔致生动，赋色鲜妍。《蜜蜂凤仙图》是一本花卉册中的一页。图绘两株并列的凤仙花，各呈紫红色或粉色，花叶重叠交叉、参差错落。花朵有放有含，皆具娇艳之态。画幅上部留白较大，作者于此处补画两只蜜蜂，既调节了画面的平衡，又为蜜蜂的飞舞提供了阔绰的空间。

（四）清 徐邦《凤仙蜜蜂图》册页

纸本，设色。纵 26.8 厘米，横 19.9 厘米。

徐邦，字彦膺，号补庵，清 (生卒年不详，约活动于康熙年间) 钱塘 (今杭州) 人。《凤仙蜜蜂图》以设骨法画花、叶，花施紫、粉色，石绿染叶，石青勾筋脉，花干呈透明翠绿色。三只蜜蜂在花叶间穿行，均做空中翻飞姿态，一只为侧身状，两只背向观者。赭石色画蜂身，干笔晕染蜂翅，薄透且有飞动震颤之感。除蜜蜂外，凤仙茎干下部一只蝗虫正悄然向上爬行，顿使画面增添无限情趣。此幅反映出画家极高的写实能力。

（五）清 崔错《罂粟蜜蜂图》（图 3-4）册页

绢本，设色。纵 31.3 厘米，横 32.4 厘米。

崔错，字象九 (一作象州)，清康熙、雍正年间 (活动于 17 世纪晚期至 18 世纪初期) 三韩 (今内蒙古喀喇沁旗) 人。《罂粟蜜蜂图》《秋花蜜蜂图》是崔错《花卉草虫图》册中的两页。作者以工整细致的笔触，鲜艳的色彩，绘出罂粟花、秋菊花、雁来红的婀娜多姿与蜜蜂飞向花朵或落于花上忙碌采蜜的情景。笔法挺健精确，敷色浓重绚丽。构图平稳匀称，具较强立体感。尤对蜜蜂形象的刻画，有夺真之妙。

图 3-4 《罂粟蜜蜂图》 崔 错

（六）清 邹一桂《蔷薇蜜蜂图》（图 3-5）册页

纸本，设色。纵 13.4 厘米，横 18.5 厘米。

邹一桂 (1686—1766)，字元褒，一字原褒，号小山，一号二知，又号让卿，江苏无锡人。雍正五年 (1727) 进士，官至礼部侍郎，赠尚书。其父、兄善画花卉。他秉承家学，并融合恽寿平画法，擅长工笔花卉。

《蔷薇蜜蜂图》是邹一桂另一本《花卉草虫图》册中的一页。构图形式、笔墨技法与上图基本相似，只是蜜蜂为 6 只，蔷薇花、叶略多一些。落款为“臣一桂恭画”。画面上有乾隆帝题七绝一首：“野客由来称最香，开花荒陌僻邮旁。蜜蜂作阵闲相采，不敢无端近省郎。”皇帝也不无幽默之感，提醒大家，看到蜜蜂别无缘无故去惹它，小心身后的那根“刺”。

《月季蜜蜂图》（图 3-6）册页，纸本，设色。纵 19 厘米，横 20 厘米。三只蜜蜂追逐在散发着浓郁香气的月季花旁。花朵绽开，花貌如玉。叶片舒展，枝干劲挺。娇黄色的月季花，衬以浓淡有致的绿叶，使色调显得明快、强烈。构图均称完美，笔法工整精致，风格清新秀整。画面凝结着画家对自然景物敏锐的观察力，很具艺术魅力。画幅上方乾隆帝欣然题诗：“色如重酿味加芬，屡舞风前若带醺。可惜蜜蜂忙两翅，不能尝得祇饶闻。”画家落款书写在画幅左下方边沿处：“臣一桂恭画”，一行小字，既简单又不显眼。

图 3-5 《蔷薇蜜蜂图》 邹一桂

图 3-6 《月季蜜蜂图》 邹一桂

（七）清 陈渭《菊石蜜蜂图》（图 3-7）册页

绢本，设色。纵 26 厘米，横 22 厘米。

陈渭 (小传不详)，暨阳 (今江苏江阴) 人。约活动于 17 世纪晚期至 18 世纪中期。

《菊石蜜蜂图》描绘了秋季的景色。坡石旁一株菊花傲然开放，丛竹伴生其侧。九只蜜蜂萦绕在花丛周围，有的已落在花上忙碌采蜜，有的做准备降落状，有的还在盘旋寻找合适的位置，形态纷呈，意趣盎然。花、竹用双钩法，菊叶以墨点染，重墨勾勒。淡墨侧笔画石，浓墨点苔。蜜蜂全用写意法画，淡赭色染蜂身，极淡墨画蜂翅，如绢似纱，呈扇动状，极富动感，令人赞叹。款署：“戊子长夏，暨阳陈渭画于学山楼。”画幅左面有康熙二十七年（1688）进士、曾任太仆寺卿、提督四译馆，且善诗文、书画的沈宗敬对题一则：“闻道紫桑景最幽，晚凉清兴到林丘。墨池一夜西风起，染出东篱片片秋。己丑清和月沈宗敬书。”由年款推知，绘画作于康熙四十七年 (1708)，题诗为第二年 (1709)。

图 3-7 《菊石蜜蜂图》 陈渭

（八）清 居廉《蜜蜂水仙图》（图 3-8）册页

绢本，设色。纵 31.8 厘米，横 25.7 厘米。

居廉，清道光八年至光绪三十年 (1828—1904)，字古泉，自号隔山老人，番禺 (今广州) 人。其兄居巢，两人皆善花卉、草虫及山水、人物等。居廉亦擅长指头画。在清末，居氏两兄弟的绘画别开生面，取得令人瞩目的成就。《蜜蜂水仙图》是居廉一本花卉册中的一页。画面正中立一小巧玲珑的湖石，周围碎石点缀，浅水盈盈，一株飘散着沁人芳香的水仙花傍生石前。双钩的花、叶，使水仙花显得丰满茁壮，翠绿的叶片和白色的花朵，恰能表现出其冰清玉润的高洁形象。三只蜜蜂寻香而至，头部向下，均做俯冲状，似已飞行甚久，终于找到采蜜的花源。蜜蜂用写意法绘制，以赭石色和墨色直接点画，笔法简朴精练，俨然若生。款题：“含笑凌倒影，香气为谁发。自从建安来，不着鸦头袜。丙子仲夏。写今夕厂诗句于啸月吟馆。画为柏心仁棣鉴趣。古泉居廉。”作于光绪二十二年 (1896)，居廉时年 69 岁。

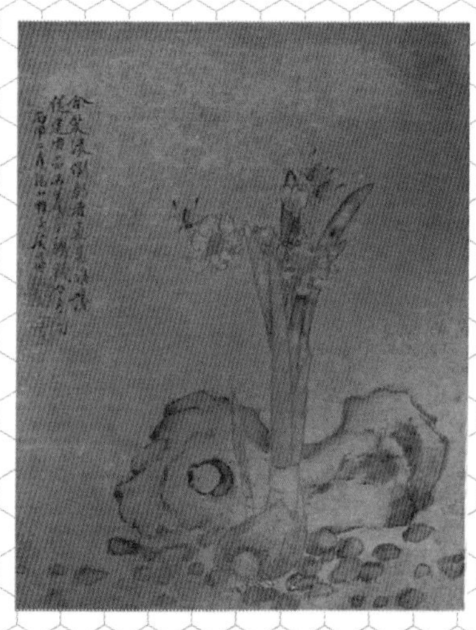

图 3-8 《蜜蜂水仙图》 居廉

（九）清 屈兆麟《昆虫图》轴

绢本，设色。纵 74 厘米，横 50.3 厘米。

屈兆麟 (19 世纪)，字仁甫，晚清时宫廷画家，擅长画鸟兽，用笔工细。《昆虫图》为写生作品，工笔重彩。图绘一块太湖石旁，两株沉甸甸的谷穗低首弯腰，长叶伸展飘逸，地面上众多菊花伴生其左右。各种昆虫填画在空中、地面或石块、植物上，有蜻蜓、蝴蝶、蝗虫、马蜂、蜘蛛、豆虫、蜜蜂等。它们均各自平列，没有呼应，其形象、动作都十分准确、真实。每个昆虫旁用小楷字体书写名称。蜜蜂呈正俯卧式，双翅张开，须腿对称。以赭石色画身、腿，墨线勾画腹部及斑纹，眼染黑色，薄如绢纱的蜂翼用淡赭色渲染。真正做到笔简意赅，毕肖生动。此幅写生作品反映出作者对自然界众多昆虫的洞鉴、了解，做到了画论“六法”中的“应物象形”“随类赋彩”，是不可多得的昆虫写生佳作。画幅左边小楷书署款：“臣屈兆麟、黄际明、葆恒、马文麟、梁世思、刘世林奉敕合笔恭绘。”实并非出自屈兆麟一人之手，是六位宫廷画家遵皇帝之命的联袂之作。

（十）齐白石、王雪涛合作《花虫图》轴

纸本，设色。纵 97 厘米，横 33.8 厘米。

齐白石 (1864—1957)，中国书画家、篆刻家。原名纯芝，字谓清。后改名璜，字濒生，号白石，别号借山吟馆主者、寄萍老人等，湖南湘潭人。12 岁学木工，善雕花。少时曾习芥子园画谱。27 岁才拜师学画，进而学诗文、篆刻，兼画肖像。近 60 岁定居北京。绘画远学徐渭、朱耷、扬州画派诸家，近师吴昌硕、陈师曾。画法由工笔小写意转为泼墨大写意，所画花卉、鱼虫、

山水、人物，俱生动传神。自创一体，成就斐然。

王雪涛 (1903—1982)，字晓封，号迟园。河北成安县人。早年从师著名画家王云 (梦白)、齐白石、陈年 (半丁)。善花卉、鸟虫等。图中表现初夏之际，风暖融融。一朵被世人称作国色天香、花中之王的牡丹，正开得端庄绮丽，丰满润雅。繁茂宽阔的叶子相互掩映交错，几棵杂草匍地而生。画幅上方点缀蜂蝶数只，它们或起或落，上下纷飞，一派生机勃勃、欣欣向荣的景象。构图简洁明快，笔墨酣畅潇洒。蜂蝶点画更富放形神之趣。右上方书四篆字“长命富贵”，款署：“九之翁白石辛巳。”中部王雪涛题款：“雪涛补蜂蝶。”当作于 1941 年，齐白石时年 79 岁，王雪涛 39 岁。王雪涛画作《花卉屏》《牡丹蜜蜂图》分别见图 3-9、图 3-10。

图 3-9 《花卉屏》 王雪涛

图 3-10 《牡丹蜜蜂图》 王雪涛

（十一）于照《设色花蝶图》（图 3-11）轴

纸本，设色。纵 105.8 厘米，横 51 厘米。

于照 (1888—1959)，字非厂 (庵)，别署非闇，又号闲人。山东蓬莱人，久居北京。清代贡生，原为著名记者，后从事工笔花鸟画创作。师法宋人笔法，成就卓著，自成一家。

《设色花蝶图》中虬曲弯转的枝条上，海棠花开一簇簇，呈“S”形均匀布置于画面。几只蝴蝶、蜜蜂自由自在穿行于花叶、枝干空隙间。这里蜜蜂画得很小，寥寥简单几笔勾画出蜂身，干笔淡墨效涂翅膀。不仅有形似之妙，且具强烈质感。树干画法用中、侧锋笔，快速灵活，其间偶有飞白，恰正显现木质效果。朱砂点花，湿墨画叶，色墨交融，浓淡相宜，一派春光明媚、生机勃勃的景象。落款书：“桃羞艳冶应回首，柳妒妖娆只皱眉。甲戌年春三月拟白阳山人。非厂。”作于 1934 年，时年 47 岁。

图 3-11 《设色花蝶图》 于照

现代画坛巨匠齐白石笔下的草虫和他的虾、蟹一样给人以深刻难忘的印象。齐白石一生画过的草虫种类超过了以往的所有画家，他笔下的草虫或精致入微或写意传神，无论工与写，皆形神兼备、栩栩如生，尤其是他创造的独特艺术语言——工虫花卉，使那些过去作为花卉画点缀的草虫成为作品真正的主角和中心，饱含着画家对这些小生灵真挚的情感。齐白石小品蜜蜂主题（图 3-12 至图 3-14），在一张明信片大小的纸片上，画了一只栩栩如生的蜜蜂，连透明的膜翅也清清楚楚，表现了画家卓越的写生才能。

图 3-12 《玉兰蜜蜂》 齐白石

图 3-13 《荔枝蜜蜂》 齐白石

图 3-14 《丝瓜蜜蜂图》 齐白石

我们的祖先善用“谐音”来隐喻、表达一些美好的愿望，比如用“柿子和如意”隐喻“事事如意”，用“蝙蝠和铜钱”隐喻“福在眼前”，用“鹿”喻“禄”，用“鸡”喻“吉”等。蜜蜂也常和猴子组合在一起，隐喻“代代封（蜂）侯（猴）”“封（蜂）侯（猴）拜相”等。这样的艺术作品也非常多，有瓷器、雕刻、书画等，见图 3–15 至图 3–19。由于蜜蜂个体较小，作品中的小蜜蜂你可要仔细找找，它可是这些作品中不可或缺的角色。

图 3–15　《粉彩封（蜂）侯（猴）瓶》　毕渊明

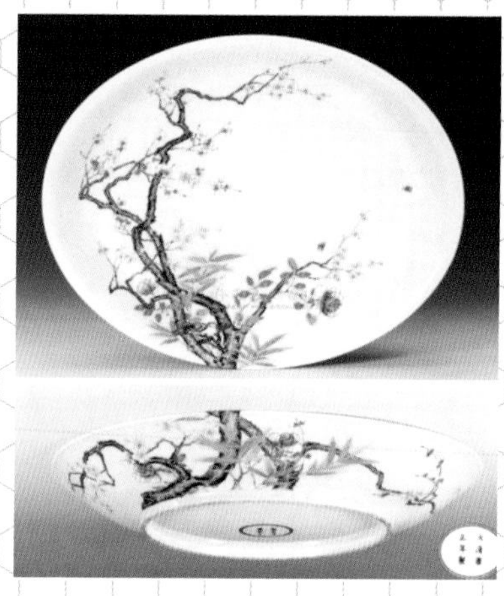

图 3–16　粉彩过枝蜜蜂花卉纹大盘（清 雍正）

图 3-17　明代嘉靖喜鹿蜂猴大看炉

图 3-18　立轴粉彩喜鹿蜂猴花口杯

图 3-19　《封（蜂）侯（猴）》　沈铨

四、音乐

在浩瀚的人类文化长廊中，音乐犹如璀璨的星星，陶冶着人们的性情，调整着人们的心境，提高着人们的修养。在众多的音乐作品中，有不少与蜜蜂有关。

（一）外国音乐作品与蜜蜂

约翰·施特劳斯是奥地利著名音乐家，被世人誉为“圆舞曲之王”。他创作的著名乐曲《蓝色多瑙河》，歌词一开始就是：“春天来了，春天来了，鲜花在开放，蜜蜂嗡嗡叫，小鸟在歌唱。春天来了，多么美好！”在整首歌曲当中有好几处重复出现“蜜蜂嗡嗡叫”的句子。聆听这首乐曲，人们会产生无限遐思，仿佛看到串串伴着优美旋律的音符，正化作一只只勤劳的小蜜蜂，自由地飞翔，徜徉在鲜花丛中，忘情地工作着。

尼古拉·安德烈耶维奇·里姆斯基－科萨科夫（1844—1908）是俄罗斯作曲家。主要作品有《西班牙随想曲》《舍赫拉查达》《俄罗斯复活节序曲》《姆拉达》《圣诞夜》《萨特阔》《萨尔丹沙皇的故事》等。《野蜂飞舞》（*Flight of Bumble-bee*）是里姆斯基－科萨科夫最受欢迎的旋律，音乐令人喜悦，一听便可辨认出来。这首管弦乐曲（又名《大黄蜂的飞行》）的原曲谱上这样描述：“从海面的远方，飞来一群大黄蜂，围绕到天鹅的四周，盘旋飞舞。”此曲用小提琴或长笛独奏时，更能生动地表达出大黄蜂振翅疾飞的情景。此曲原是里姆斯基－科萨科夫所作歌剧《萨旦王的故事》第二幕第一场中由管弦乐演奏的插曲。今日，这首风格诙谐的管弦乐曲，已脱离原歌剧，成为音乐会中经常演奏的通俗曲目。

四幕歌剧《萨旦王的故事》，完成于1900年，根据俄国文豪普希金的小说改编而成。歌剧叙述萨旦王喜获独生子后，因受奸人的恶意中伤，将爱子和王后装在罐里流放汪洋中。后来母子安然漂到一座孤岛上，王子平安长大。有一天，王子救了一只被大黄蜂蜇伤的天鹅，不料天鹅变成了一位美丽可爱的公主。此时明白王后无辜的国王带着侍从，乘船来到这座孤岛，找到久别无恙的王后和王子。全剧在大团圆与欢乐中结束。

（二）中国民歌与蜜蜂

在神奇丰富的民族民间文学的海洋中，几乎每部情歌都用蜜蜂与花的关系来比喻人的爱情，寄寓对爱情的忠贞。叙事长诗《阿诗玛》是彝族分支撒尼人传世之作，其中阿诗玛说："热布巴拉家，不是好人家，栽花引蜜蜂，蜜蜂不理他。"在葛炎、刘琼作词，罗宗贤、葛炎作曲的《马铃儿响来玉鸟唱》中有"马铃儿响来玉鸟唱，我和阿诗玛回家乡，远远离开热布巴拉家，从此妈妈不忧伤，不忧伤，蜜蜂儿不落刺蓬棵，蜜蜂落在鲜花上"。

电影《芦笙恋歌》描写中华人民共和国成立前发生在我国云南澜沧江流域拉祜族的故事，主题曲《婚誓》是根据拉祜族的芦笙曲调创作的，具有浓郁的云南地方特色。在影片中，扎妥和娜娃是一对初恋的情人，扎妥吹着芦笙，娜娃幸福地唱起了定情的恋歌，"阿哥阿妹情意长……世上最甜的要数蜜，阿哥心比蜜还甜，鲜花开放蜜蜂来，鲜花蜜蜂分不开。蜜蜂生来就恋鲜花，鲜花为着蜜蜂开"。其他各民族情歌中，都可见到活跃在字里行间的蜜蜂，现录其中两首情歌共赏：

花见蜜蜂朵朵开

（壮族）

妹是桂花千里香，

哥是蜜蜂万里来，

蜜蜂见花团团转，

花见蜜蜂朵朵开。

花儿不开蜂不来

（苗族）

小河岸边花正开，

蜜蜂千里寻花来，

花儿不开蜂不采，

妹不逗郎郎不来。

在歌手陈思思演唱的歌曲《茶花蜜蜂分不开》中，以蜜蜂和茶花比喻年轻人甜美的爱情，将姑娘和小伙子分别比作“水凌凌的红艳艳的香喷喷的花一朵和蜜蜂”。歌中以“茶花蜜蜂不分开……妹愿蜜蜂常来采”表达了姑娘对爱情的执着。由吴颂今作词、韩乘光作曲的歌曲《茶山情歌》中唱道：“茶山的阿妹俏模样，十指尖尖采茶忙，引得蝴蝶翩翩飞呀，引得蜜蜂嗡嗡唱……”

阿宝在专辑《想亲亲想在心眼眼上》中的主打歌曲《想亲亲想在心眼眼上》，以“蜜蜂呀那个落在呀那窗眼眼那个上”为引子，把对情人的思念唱了出来。

（三）现代歌曲中的蜜蜂

1. 辛勤劳动

由陈镇川作词、庾澄庆作曲的歌曲《小蜜蜂》，歌词写道："一只小蜜蜂呀，飞到花丛中……绝不怕劳动……别说什么冷静，你不了解我们蜜蜂的纯情。"陈明演唱的歌曲《孩子》中，"路边的菊花开得正艳，匆忙的蜂儿飞在中间"，描绘出蜜蜂辛勤劳作的场面，把蜜蜂视为勤劳的象征。歌手老狼在歌曲《等待》中唱道："我们都是蜂箱口的蜜蜂，忙忙碌碌为了团聚。"歌手白雪在歌曲《南方北方》中的"我们像蜜蜂赶着花开花落"，描写军营的忙碌。

2. 执着于爱情

歌曲《蜜蜂》以蜜蜂对花的热爱比喻人对爱情的执着，歌词写道："就像一股神秘的力量，你活在我生命的中央，我愿一生绕着你打转，到最后一秒也无妨。我太渺小卑微，你有太多爱簇拥身边，对你我只会奉献，给了就算完美。今生只为你呼吸，是宿命。我愿意，辛苦时想起你，都是鼓励。就算葬身在冬天里，翅膀已停息，被忘记，也甘心。至少在我心里，全心全意我爱过你。你可以，不在意。"古巨基专辑《恋恋情深》中收录了这首歌。

歌手刘德华演唱过的《虎头蜂》中写道："请你别怪我像只虎头蜂，我的针对准你，纯粹只针对你，一见你我就杠在那里等着你。请你别怕我对你嗡嗡嗡，请你别怪我像只虎头蜂，有天我会成功，有天你会感动，希望有天我们能筑个蜂窝。"歌曲以蜜蜂的口气进行求爱，其执着的精神令人感动，蜜蜂成为执着爱情的象征。

在歌手红蓝铅笔演唱的歌曲《蜜蜂与花朵》中，也表现蜜蜂对花朵的执着，歌词写道：“我围着你转，从不怕麻烦，你的绚烂已让我眼花缭乱。你沉着应战，我无功而返，你的防范真叫人左右为难。你的味道在天空底下弥漫，面对这般诱惑谁都寝食难安。我可以捂着脸庞，装着害羞，忍着不看，脑海中却全都是浪漫图案。我愿意飞向你，永远都追随你，彼此都baby叫个不停，用辛勤换来爱的甜蜜。你的秀色让一切都逊色，我的快乐全都从你那里获得。”

邓丽君演唱的《午夜香吻》中，以“多少蝶儿为花死，多少蜂儿为花生”来形容爱情至高无上、为了爱情不惜牺牲生命的精神，蜜蜂成为追求爱情的象征。汤泽作词、李白作曲的歌曲《三只蜜蜂》中，通过“三只小蜜蜂，飞在花丛中，追寻爱的足迹，收获爱的甜蜜。三只小蜜蜂，飞呀嗡嗡嗡，寻找失踪的你，呼唤封冻的心”来表达对爱的真心。花儿乐队在歌曲《把门儿开开》中用“你是蜜蜂我们是花”表达了相亲相爱的感情。

3. 风景描写

歌手姜昕在歌曲《春天》中唱道：“鸡蛋伏在绿草中，蜜蜂停在黄花上，你的笑尽在不言中，化成美妙的天空。”其中有关蜜蜂的歌词形成了一幅优美的画面。在其专辑《我不是随便的花朵》中有一首歌曲《蜜蜂》，以欢快的气氛渲染了夏天的到来。其中“蜜蜂蜜蜂好久没见，蝴蝶蝴蝶飞舞翩翩”，将蜜蜂和夏天联系在一起。

巴布作词、萧蔓萱作曲的歌曲《为你美丽》中以“黄莺笑着在我身旁飞过去，蝶儿丰收回家的甜蜜，蜜蜂们在细语，柳树儿在摇曳”描绘了一幅优美欢快的画面，表达了一种快乐的心情。歌曲《大地回春》也描写了一幅优美的画面，“蝴蝶翩翩舞轻盈，蜜蜂嗡嗡采花粉，情侣漫步软风里，一片春色动人情”。这首歌由陈栋荪作词，姚敏作曲。

车行作词、雷远生作曲的《万紫千红》，以“一脉脉山水倾听初春的风情，一缕缕花香溜出农家的果林，虹缠七彩线蜂纫绣花针，白鸽子处处有知音”描绘出一幅优美的乡村风景画。

歌手周璇演唱的歌曲《可爱的早晨》，以“这里的早晨真自在，这里的早晨真可爱……好花在歌声中开，蜜蜂儿向着琴声里来……”表达对早晨的喜爱。青燕子演唱组演唱的歌曲《故乡的亲人》以“何时再相见，蜜蜂歌唱在蜂窝边”表达对故乡的思念。

4. 比喻人的可爱

李坤城作词、罗大佑作曲的《心肝宝贝》写道“春天的花爱吃的蜂”，将孩子比喻成春天的蜜蜂，显示对孩子的疼爱和喜欢。吉狄康帅作曲，且萨乌牛、吉狄康帅作词的歌曲《我的阿惹妞》以“你站在山谷蜜蜂围，站在坝上蝴蝶围”来形容阿惹妞的美丽。梦之旅合唱组合在歌曲《西波涅》中以“你的嘴唇甜甜蜜蜜像一朵玫瑰花，蜜蜂来采它”形容姑娘的美丽。

亚东作词、胡小海作曲的歌曲《皮夹克》中有“八月十五嘛庙门开嘛，庙里飞出只蜜蜂来，呃要问蜜蜂你哪里去嘛，姑娘头上我采花蜜”，将小伙子风趣地比喻成蜜蜂。

（四）蜂鼓和蜂鼓说唱

图 3-20　蜂鼓舞

蜂鼓，因鼓身其形似蜂而得名，是壮族、瑶族和毛南族混合击膜鸣乐器。又以横置腹前演奏而有横鼓之称。壮族还称岳鼓。瑶语称勐咽、如叨。毛南族称长鼓。此外，还有腰鼓、瓦鼓 、黄泥鼓之名。流行于广西壮族自治区各地。生活在美丽富饶的祖国西南边陲的壮、瑶、毛南各族人民，都创造了本民族的文化艺术。山歌对唱悦耳动听，民间舞蹈绚丽多姿。在广西各地，每当庆祝丰收和欢度节日之时，能歌善舞的各族人民便身穿盛装，在蜂鼓的伴奏下高歌欢舞。唱腔原有几十个曲牌，多有散佚，今仅存 7 个，如“呼溜亮里调”“呼儿溜调”等。唱词为七言韵文，一人主唱，以唱为主，并有简单的舞蹈动作。伴奏乐器除蜂鼓外，还有小堂锣、钹、唢呐等。传统曲目有《莫一大王》《布伯》《三元》《盘古王》《梁祝》《三国》等；新编曲目为《老李煮鸡》《农机迷》《老李和小李》等。

演奏蜂鼓时，将鼓系以彩带横挂在腹前或置于鼓架上，圆球状一端鼓面置于左侧。既可用双手拍击两端鼓面，也可左手执竹木鼓棰敲击、右手拍击。球状一端鼓面发出清脆明亮的高音；喇叭状鼓面发出深沉浑厚的低音。它常与小鼓、锣、钹、铃等民间乐器一起用于合奏，也为师公戏、师公舞、蜂鼓舞（图 3–20）等民间歌舞和曲艺伴奏。

蜂鼓与人民的日常生活有着密切关系。在壮族逢年过节、婚丧、祈庆丰收和祭祀祝寿，在金秀、防城瑶族做鸿门、还愿和度戒，在桂北环江毛南族的道场斋事中，蜂鼓都是必不可少的乐器。在民间歌舞中，它既是重要的伴奏乐器，又是舞蹈的道具，常由奏者边奏边舞，颇具地方特色。

五、科技

（一）蜂巢与仿生

1. 蜂巢房的结构及研究简史

蜜蜂的巢房有两种功用：或作为产卵与幼蜂的哺育室，或作为存放花粉和蜂蜜的储藏室。尽管巢房的功用不同，但其结构却惊人的相似。

从外面看，巢房为正六边形，一个个紧密排列 (图 3–21a)。每个巢房不是正六棱柱形，因为其底面不是平的，而是有 3 个相等的菱形组成的锥形，每个菱形的钝角均为 109° 28′，锐角均为 70° 32′ (图 3–21b)。每个 (工蜂) 巢房的体积几乎都是 0.25 立方厘米。巢房的壁很薄，平均不到 0.1 毫米。两边巢房的底相互嵌合 (图 3–21c)，以承受最大的负荷力。

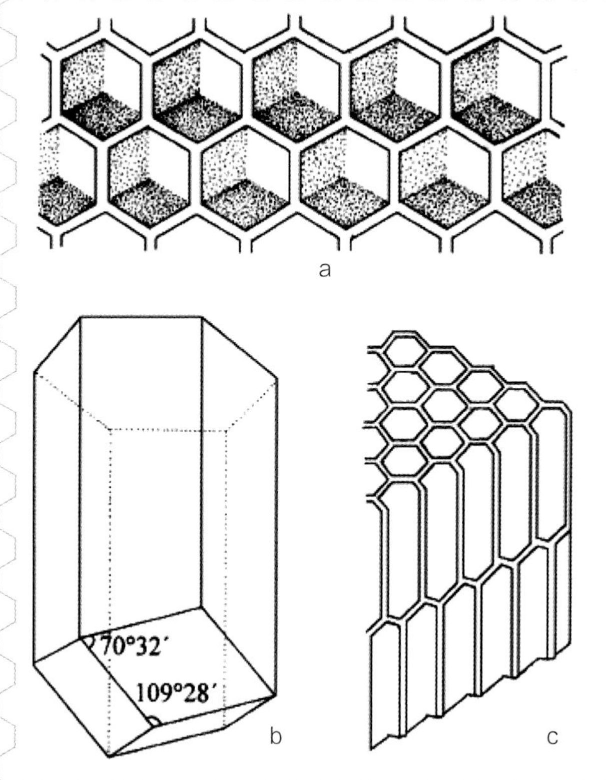

图3-21　蜂巢巢房的基本结构（引自《蜜蜂巢房的结构与仿生》 彩万志）
a. 正面观　b. 巢房棱锥体示意图　c. 剖面观

为什么蜜蜂的巢房不建成圆形、三角形、四边形、五边形、八边形或其他形状呢？只要我们在相同面积内分别绘出这些几何图形便不难发现，如果筑造圆形、五边形、八边形的巢房，在巢房之间或多或少会留下不能利用的间隙，造成空间浪费，而且并不是所有的壁都能共享，势必导致建巢材料的浪费。建造三角形、四边形的巢房虽然不存在这两种缺点，但在相同面积的几何图形中三角形和四边形的边长要长于六边形的边长(图3-22)。换句话说，蜜蜂找到了最好和最节约的筑巢方式。马克思对此曾经感叹："蜜蜂建筑蜂房的本领使人间的许多建筑师感到惭愧。"

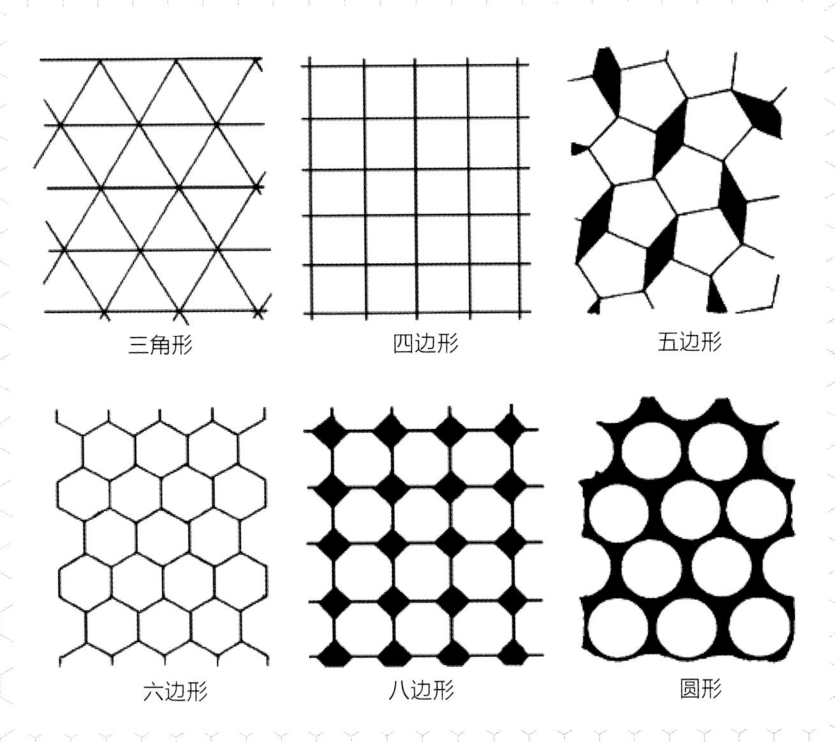

图 3-22　几种几何图形的比较（引自《蜜蜂巢房的结构与仿生》　彩万志）

最早研究蜜蜂巢房的学者不是昆虫学家，而是数学家和天文学家。早在 1 000 多年前，古希腊数学家 Pappus(活跃于 3—4 世纪) 在其 8 卷巨著《数学汇编》的序言中就提出了蜜蜂的机敏问题，并对蜜蜂巢房有精彩的描述。天文学家 Kepler（1571—1630) 也曾指出蜜蜂巢房的角应该和“斜方十二面体”的角一样，但他的看法并未引起当时人们的重视。巴黎天文台的创建者 G.F.Maraldi(1712) 在《蜜蜂的观察》一文中第一次明确地记载了蜜蜂巢房底部菱形的钝角为 109° 28′，锐角为 70° 32′，但他并未说明这一数据是如何得出的。欧洲早期昆虫学的创始人之一法国昆虫学家 Réaumur (1683—1757) 曾猜想用这样的角度建造巢房在相同的容积下最节省材料，于是他便向瑞士数学家Koenig(1712—1757)请教，Koenig证实了Réaumur的猜想，并计算出巢房底部菱形的钝角为109° 26′，锐角为70° 34′，这一结果Koenig(1739)以简报的形式发表，也没有述及所用的数学方法。1743年苏格兰数学家Maclaurin重新研究了巢房的结构，他完全用初等几何方法得出最省材料的菱形钝角为109° 28′ 16′′，锐角为70° 31′ 44″，与Koenig的结果有2′之差。后来，由于一次因使用了错误的对数表造成轮船遇难才发现Koenig也是使用了错误的对数表而算错了巢房的角度。对于蜜蜂巢房的早期研究史，Thompson(1917)在其巨著《生长与形态》(On Growth and Form)一书中有较详细的介绍。此后，Tóth(1963，1964)、Bleicher&Tóth(1965)、Siemens(1967)等数学家对蜜蜂巢房的结构也曾做过探讨。达尔文由衷地赞美："巢脾的精巧构造十分符合需要，如果一个人看到巢脾而不倍加赞扬，那他一定是个糊涂虫。"值得一提的是我国著名数学家华罗庚1979年曾著有《谈谈与蜂房结构有关的数学问题》一书，介绍了有关的多种解法并加以引申，还提出了一些值得思考的问题。

2. 蜂房结构在仿生学中的应用

（1）人造巢础 虽然蜜蜂可以自己泌蜡造脾，但巢脾的大小、形状不一，易造过多无用的雄蜂房，不便于人们繁蜂、取蜜、采浆等。为了适应生产发展的需要，18世纪末，人们便开始了蜂具的改良。19世纪中期，活框蜂箱、巢础和分蜜机的问世，使养蜂业向科学化迈进了一大步。

巢础是供蜜蜂筑造巢脾的基础，人们利用蜂蜡或塑料等材料经巢础机压制而成。每张巢础的两面由几千个排列整齐、相互衔接的六角棱锥形组成，构成一个巢房底的3个菱形完全仿照自然蜜蜂巢房的角度和工蜂房的边长设计。因此，巢础为一块可作为巢房基的凹凸形薄板(图 3–23)，能诱导蜜蜂筑造标准大小的巢脾，以适应高产与机械化操作的需要。

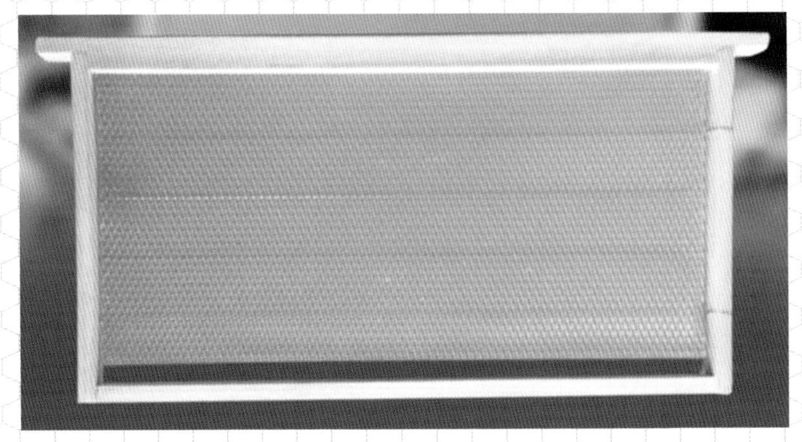

图 3–23　人造巢础

（2）在建筑方面的应用　巢房结构在建筑业上的应用有两个方面：一是仿照巢房结构制造的各类建筑材料，二是建造蜂巢状结构的建筑物。蜂巢状的建筑材料不仅用材少、重量轻、强度高，而且还具有隔音、隔热等优良特性，因此，广泛用于各类建筑物上，特别是在现代化建筑中，越来越多地采用了此类新型材料。

日本人曾经模仿蜂巢的结构建造了蜂巢式旅馆，专门供“像蜜蜂那样辛勤劳动”的低薪阶层的人士所用。图 3–24，旅馆的睡房像蜂房一样两层排列，平面布局紧凑，没有一点空地。每栋楼有 600 多个房舱，每舱居住面积仅 2.28 平方米，只能居住 1 人。房舱相当低矮，旅客只能爬进房舱睡觉。这种房间虽小，但其中的设施还算合理，每舱都配有电视机、收音机、空调、闹钟、紧急按钮等。当那些居住在市郊的低薪阶层的工人因晚间加班而赶不上末班车时，只好到蜂巢式旅馆过夜。

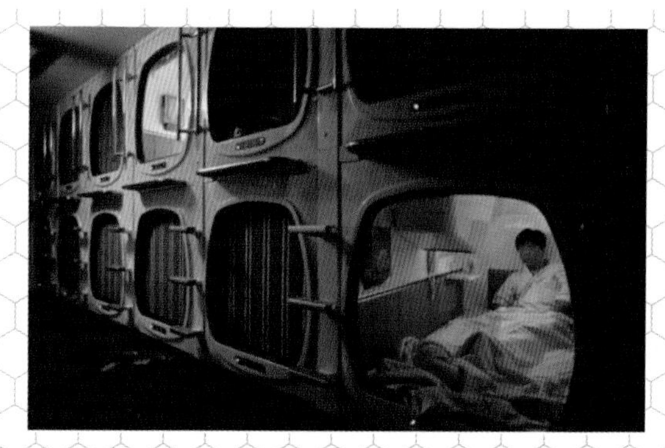

图 3-24　蜂巢式旅馆（日本）

在一些大型现代建筑中，经常应用六角形的架构设计，使建筑物具有高强度力学支撑结构，既坚固、简洁、美观，又节省建材。不仅为人类带来美的享受，而且更加环保、节能，见图 3-25。

图 3-25　国家游泳中心“水立方”

（3）在航空航天与军事等方面的应用　在设计各种各样的飞行器时，尽量减轻飞行器的结构重量是必须考虑的重要因素之一。科学家们正是模仿蜂房的结构，找到了人造卫星比较理想的结构。模仿蜂房结构制造出的卫星，不但节省大量材料，重量减轻，容积又大，强度也高，而且还具有隔音、隔热的性能。

为了减重省料，用合金、塑料、木材等制成的蜂窝夹层结构是制作各类飞行器外壳的最好选择，见图 3–26。1999 年我国成功发射的“神舟一号”飞船的外壳也是采用了蜂巢型结构。用石棉及陶瓷做成的蜂窝式夹层材料可以耐受 1 000℃的高温，用这类材料可制造导弹外壳。

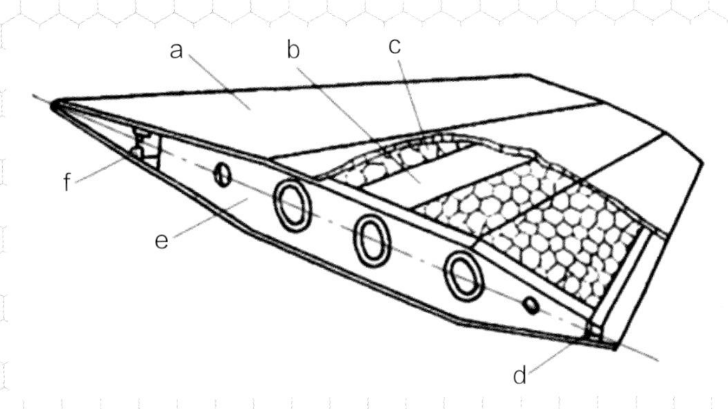

图 3–26　机翼中的蜂窝夹层

a. 面板　b. 梁翼　c. 蜂窝夹芯　d. 后墙　e. 根肋　f. 前墙

（二）蜜蜂的通信——舞蹈

1. 蜜蜂的舞蹈形式（图 3–27）

圆圈舞：侦察蜂在距离蜂巢 50 米以内的地方采回花蜜时，慢慢地把采到的花蜜从蜜囊里反吐出来，挂在嘴边，身旁的同伴们用管状喙把它吸走，然后，侦察蜂就地跳起圆圈舞，离侦察蜂最近的几个同伴也跟在后边爬，并且用触角触到侦察蜂的腹部。圆圈舞的意思是侦察峰在蜂巢附近发现了蜜源，动员它的同伴们出去采集。

摇摆舞：这是一种让人叹为观止的舞蹈语言。据研究，蜜蜂在测算太阳与蜂巢、蜂巢与蜜源连线夹角上，做得相当完美，可以说分毫不差，在这种舞蹈中，蜜蜂能够精确地指示出蜜源所在地的方位及离巢的距离。

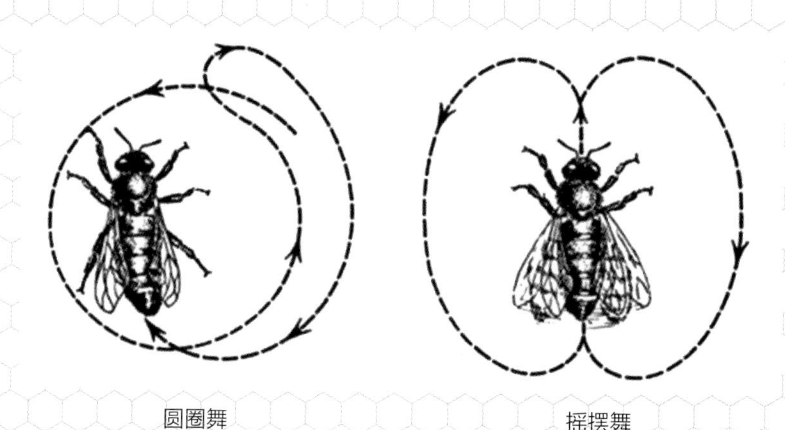

图 3-27　蜜蜂的舞蹈形式

新月舞：新月舞是圆舞向摇摆舞的过渡形式，当蜜粉源距离增加时，舞蹈蜂摆尾次数增多，同时，新月形两端逐渐向彼此方移近，直至转变为摇摆舞。

除此之外，还有分蜂时跳的“之”字形“呼呼舞”、报警用的警报舞。当一只工蜂在花蜜所在地发现了危险，例如，发现了一只蜘蛛，它会转头干扰舞蹈者的“摇摆舞”，方法是用屁股撞舞蹈者的头。

更加有趣的是，蜜蜂的舞蹈语言不完全相同，在不同地方的蜜蜂之间有“外语”。例如，我国养殖的意大利蜜蜂会跳圆圈舞、“∞”形摇摆舞和弯弯的镰刀舞。奥地利蜜蜂只跳“∞”形摇摆舞，它们之间则无法进行舞蹈语言的沟通。但是，在不同种群“势力范围”交界的区域，一种蜜蜂也会学习和领会其他品种蜜蜂的“方言”，并根据领会的结果帮助自己寻找食物。它可以说是动物界的翻译家了。

2. 蜜蜂舞蹈中信息的表达

蜂舞除了用特定的舞蹈形式进行交流以外，还能准确地表达蜜粉源的方向、距离、种类、质量和数量。

（1）蜜粉源方向的表达 摇摆舞和新月舞能够表达蜜粉源的方向，而圆圈舞不表达方向。摇摆舞指示的蜜粉源方向，由摆腹前进的方向来表达，当蜜源地与蜂箱的连线和蜂箱与太阳的连线的夹角小于 90° 时，舞蹈蜂头朝上，与重力线的夹角正好是蜜源地与蜂箱和蜂箱与太阳连线的夹角角度，头朝上说明沿着蜂箱与太阳的角度飞就可以找到蜜源。同理，如果蜜源地与蜂箱的连线和蜂箱与太阳的连线的夹角角度大于 90° ，那么舞蹈蜂头朝下，与重力线的夹角正好是蜜源地与蜂箱和蜂箱与太阳连线的夹角角度，头朝下说明背着蜂箱与太阳连线的夹角的方向，可以找到蜜源。新月舞是由新月形弯曲部分的中点和新月形两端连线的中点所形成的一条想象的直线来指示蜜粉源方位的，如图 3–28。

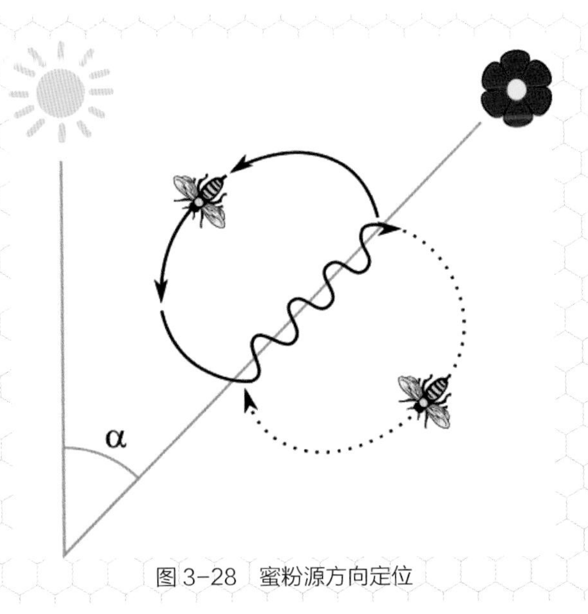

图 3–28 蜜粉源方向定位

（2）蜜粉源距离的信息表达 侦察蜂用不同的舞蹈形式来表达蜜粉源与蜂巢的距离。以卡蜂为例，圆圈舞并不表达关于距离的信息，只是表明蜜粉源在蜂巢附近；蜜粉源距离蜂巢稍远，侦察蜂就跳新月舞；如果蜜粉源距离蜂巢较远，侦察蜂的舞蹈就改为摇摆舞。蜜源与蜂巢的距离和舞蹈动作的快慢亦有直接关系：距离越近，舞蹈过程转弯越急、爬行越快；距离越远，转弯越缓，动作也慢，直线爬行摆动腹部也越显得稳重。

另外，不同蜂种对蜜粉源距离信息的表达也有所不同，摇摆舞是通过单位时间内蜜蜂舞蹈调头摆腹前进的次数来表达蜜粉源距离的，距离蜜源越近，舞蹈蜂调头跑次数就越多，在 15 秒内，调头 10 次时指示的距离，西方蜜蜂为 100 米，东方蜜蜂为 20 米；调头 8 次时指示的距离，西方蜜蜂为 200 米，东方蜜蜂为 80 米。

（3）蜜粉源种类信息的表达 蜜粉源种类信息通过两种途径传递，即侦察蜂在采集过程中身体绒毛所吸附的花朵特有的气味和采集携带归巢的花蜜或花粉的气味。蜜粉源距离蜂巢较近时，侦察蜂身体吸附蜜粉源花朵气味所起的作用更大；而蜜粉源距离蜂巢较远时，蜜蜂在较长距离的飞行中由于空气的冲刷，使身体绒毛吸附的气味被冲淡，所以侦察蜂蜜囊中花蜜气味对蜜粉源种类信息的传递就显得更重要。

（4）有关蜜粉源增值信息的表达 蜜粉源质量和数量信息是靠侦察蜂的舞蹈积极程度来表达的。如果蜜粉源的花蜜浓度高、丰富、适口或花粉易采集，侦察蜂回到蜂巢就会不停地舞蹈，鼓动更多的蜜蜂出巢采集，第一批被鼓动采集的蜜蜂回巢后，也会兴奋地舞蹈，这样，最终能使全巢的采集蜂都飞去这种蜜粉源；若外界蜜源花蜜含水量高、数量少、适口性差或花粉采集难度大，侦察蜂回巢后就减少舞蹈，甚至完全停止。

3. 蜜蜂舞蹈通信方式的进化

蜜蜂舞蹈语言是一个复杂和发达的系统，这种通信方式也经历了从简单到复杂的进化过程。生物学家Martin Lindauer提出了下面的一些进化阶段：

（1）原始行为型　如无刺蜂属（*Trigona*）有些种类的工蜂，当他们携带着高质量的花蜜回巢时表现得十分兴奋并发出高音调的嗡嗡声，这种行为表现可召唤蜂群中其他工蜂向它索求它带回的蜜样并嗅闻它身上的气味。然后它们便带着所得到的信息飞离蜂巢并寻找类似的气味，熊蜂和无刺蜂都是蜜蜂的近缘物种，在发现丰富蜜源后，虽然能在某种程度上表达采集信息，但远不如蜜蜂完善。它们的采集信息表达方式，只是兴奋地在巢脾内跑动，并碰撞它的同伴以引起同伴们的注意。

（2）改进行为型　例如无刺蜂属其他种类的蜜蜂可以传递蜜源地地点的信息，但其与我们试验蜂的舞蹈通信有很大不同。工蜂发现优质蜜源地后首先是用上颚腺分泌的信息素对该点进行气味标记，并在飞回蜂巢的途中每隔一段距离就会在草叶和石头上继续进行标记。在蜂巢入口处已有一群工蜂等待着它的归来，于是它便带领着这些工蜂沿着它标记的路线飞向蜜源地。

（3）高级行为型　例如麦蜂属（*Melipona*）中有很多蜜蜂既能传递方位信息又能传递距离信息，舞蹈蜂通过发出脉冲声告知其他工蜂蜜源地离蜂箱的距离，声音脉冲越长表示距离越远。Martin Lindauer根据对各种蜜蜂行为的比较研究后认为，就传递蜜源地距离的信息来讲，蜜蜂祖先最初可能只表现为携蜜工蜂与非携蜜工蜂行为的不同。前者不仅兴奋而且行为也比较特异、不同寻常，同时振翅发出的声音也有所不同，这些异常表现有助于其他工蜂外出觅食。其后，自然选择则有利于使这些由“极兴奋”的工蜂表现出的特异行为和声音标准化。正像在麦蜂属（*Melipona*）中那样，而到了麦蜂属（*Apis*），蜜蜂的舞蹈通信则发展到了最高级的阶段，即靠圆圈舞和摇摆舞来传达蜜源地方位等信息。

（三）其他仿生学中的应用

1. 蜜蜂与飞行器

蜜蜂飞行时能扇动翅膀在空中保持稳定，这可以说是蜜蜂的一个独特之处。蜜蜂是怎样做到的呢？蜜蜂为了不落到地上扇动翅膀给空气一个向下的力，同时由于力的相互作用，空气会给蜜蜂一个向上的力，也就是空气浮力。这个空气浮力远远大于蜜蜂的重力，这就使得蜜蜂不会落下来。美国科学家模仿蜜蜂的这一特点，发明一种无人驾驶的飞行器。这种飞行器能够在空中停留很长时间，不受气流突然变化的影响。科学家还设计出一套电脑控制系统，可以远距离操作飞行器，使其既可以长久地停留空中，又可兼作安全导航系统，使飞行器顺利穿过比较狭窄的地方。这种设计和蜜蜂返巢时的飞行非常相似。这一设计突破了传统抵消空气中乱流的方式，使飞行器排除外界环境的阻挠正常运行。

2. 蜜蜂与探雷

人类在长年累月的战争中遗留下上亿颗地雷等待排除，每年约有上万人因触雷致死或致残。小小蜜蜂可以为搜寻这些重大隐患开辟新路并做出贡献。

美国蜜蜂研究专家发现蜜蜂有“带采”附近空气飘浮化学物而少受其

害的能力。雷区的上空有微量TNT，TNT被土壤吸收后又被开花植物吸收，这些植物的花粉中也会含有TNT成分，这些成分会被采花的蜜蜂用奇特的毛绒状身体把它们捎回蜂巢。人们用特殊装置对返巢蜜蜂进行检测就会发现炸药的化学物质，进而准确测定地雷位置。

克罗地亚的科学家则利用蜜蜂的嗅觉培养“探雷蜜蜂”来达到排雷的目的。蜜蜂在长期的生存竞争中形成十分敏锐的嗅觉，甚至能识别出狗无法分辨的多种细微气体。同时，蜜蜂对气味的记忆力超强，能记住大量不同的气味。另外，蜜蜂还有一种特性，就是能把自己闻到的气味认知传给自己的同类。也就是说，只要训练一只蜜蜂，就能使同它接触的所有蜜蜂都跟它一样“训练有素”。加之蜜蜂经常是群体出动，因此在搜索同样面积的情况下，它们的工作远远比嗅探犬更加有效。

克罗地亚科学家经过多年的努力，终于在2013年宣布培育出“探雷蜜蜂”，可探测出掩埋在5千米之外的地雷。他们的办法是给蜜蜂喂服一种混有爆炸物味道的糖溶液进行训练，使蜜蜂对气味的敏锐嗅觉很快与混合爆炸物的食物气味相关联，最终蜜蜂会将任何爆炸物的气味与容易获得的食物联系起来。科学家评价蜜蜂探雷比嗅探犬更快、更安全。

在秘密昆虫感应器计划中，科学家已经在训练蜜蜂帮助安全人员识别炸弹。

3. 蜜蜂与环境监测

科学家发现经过特殊训练的蜜蜂可以在污染控制和环境监测上大显身手。美国蒙大拿大学和太平洋西北实验室的研究人员在64位养蜂者的帮助下，将蜂放养在华盛顿州的西雅图附近约 7 500 平方千米的范围内。他们利用蜜蜂采蜜时所接触到的各种污染物来绘制某些环境污染物的分布图。

研究人员采集并分析了在夏天采蜜一个半月以上的蜂体组织后，发现砷、氟和镉三种污染物的分布图是不同的。虽然这种方法不能提供其他污染物如铜、锌和铅的分布图，但砷和镉等的含量图与用环境测量方法所得的含量图相似。

研究人员认为蜜蜂可以通过多种方式摄取、吸收污染物，例如，飞行时直接被污染，接触被污染植物的花粉或花蜜，或进入蜂巢时接触了暴露的污染物等。

近年来，空客公司为了分析其在德国汉堡机场运营对周围环境的影响，就在该机场设立了很多蜂房，用蜜蜂帮助监测工厂周边的环境，并且每年产出 600 多瓶的蜂蜜。

空客公司生物监测项目已连续进行了多年。作为该项目的一部分，通过对这些蜜蜂所产生的蜂蜜进行检测，可以提供关于机场周边土壤、空气、水质量的关键数据。蜜蜂在约 12 平方千米区域的大量植物上采集花粉酿造出蜂蜜，而这些蜂蜜会被送往独立实验室进行分析。例如，周边地区植物出现任何金属或化学物质沉积，都可以从蜂蜜中检测出来。该项目的结果显示，空客公司汉堡工厂周边的环境优于汉堡市中心的水平，和该市其他地区的环境水平相当。

4. 活的指南针

蜂群或者蜜蜂个体如何识别方向，是人类一直不断探索的一个问题。

经过多年的科学研究，发现蜜蜂识别方向是一个复杂的工程系统。

一方面，大家公认的是根据太阳的移动来掌握方位和控制自己的活动。因为蜜蜂身上具有独特的磁场效应。如果太阳被云遮住，两小时内蜜蜂对其活动场所就失去了判断方向的能力和自控能力，直到太阳重新露脸。美国科学家通过此实验发现，在午后，由于太阳的移动速度与上午不同而影响了蜜蜂的活动，打破了其正常的活动规律。蜜蜂还具有测定太阳移动和掌握时间的能力，这使仿生学家产生了极大的兴趣。在还没有发明简单的航行仪器的时代，蜜蜂身上储存的能判断时间的信息，起到了指南针的作用。

另一方面，科学家还观察到，蜜蜂筑巢喜欢“南北向”，飞舞的方式也受周围磁场的影响。若将蜜蜂关在不透光线的黑盒子里，用交通工具运送到三四千米外的地方放出，蜜蜂仍能找回蜂巢。但是如果在蜜蜂身上绑磁铁，蜜蜂就会丧失判断力，这说明蜜蜂的确能感应地球磁场。

1994年，中国台湾生物学家李家维教授的团队经过长期的观察和研究，首次在蜜蜂腹部发现“超顺磁铁”，证实蜜蜂依靠这种“超顺磁铁”引导，随着地球磁场的变化辨认方向。科学家进一步探索蜜蜂磁铁的运作原理，发现蜜蜂体内的铁颗粒表面包覆一层细胞膜，再以蛋白质的细胞骨架“悬吊”在细胞质中，它们会随着地球每一点磁场的不同变化，发生膨胀与收缩，牵动细胞骨架，将信息由神经细胞传送到蜜蜂的脑部。工业界认为，超顺磁铁是未来人类社会相当重要的工业材料。

六、邮票

世界各国发行的以蜜蜂为主题的邮票已达百余种，包括蜜蜂、旧式蜂窝、巢脾、蜂箱、蜜蜂和花（表现蜜蜂授粉）、蜂蜜、养蜂生产、养蜂学者和国际养蜂会议的纪念邮票，以及为储蓄发行的邮票等。这些邮票的图案，很大一部分是经过艺术加工，加以夸张或抽象化了的，具有象征性意义。

1. 与蜜蜂历史相关的邮票

有的蜜蜂邮票从历史的角度反映了蜜蜂与人的密切关系。蜜蜂是埃及法老王位的象征，从埃及发行的数种邮票中可以看到许多描绘与蜜蜂有关的象形文字和壁画。1925 年在埃及开罗召开的国际地理学会的纪念邮票和 1972 年发行的次坦加曼王宝藏发现 50 周年纪念邮票中都有蜜蜂的象形文字（图 3-29）。西班牙于 1975 年发行的一枚邮票，图案是巴伦西亚比柯普 (Bicop Valencia) 附近群山的一个洞窟里的采集蜂蜜的壁画（图 3-30）。罗马教皇的三层皇冠，状如蜜蜂的蜂巢，人们都称之为蜂巢皇冠 (Beehive Crown)。罗马教廷 1852~1870 年发行的一套徽章邮票就是抽象化了的蜂巢皇冠图案（图 3-31）。

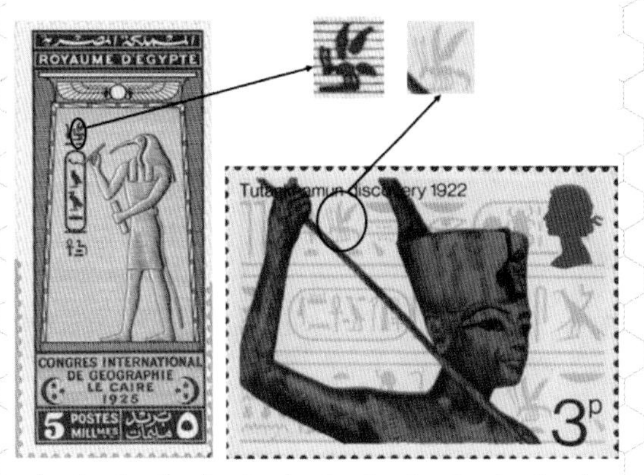

图 3-29　象形文字邮票

图 3-30　采蜜壁画邮票

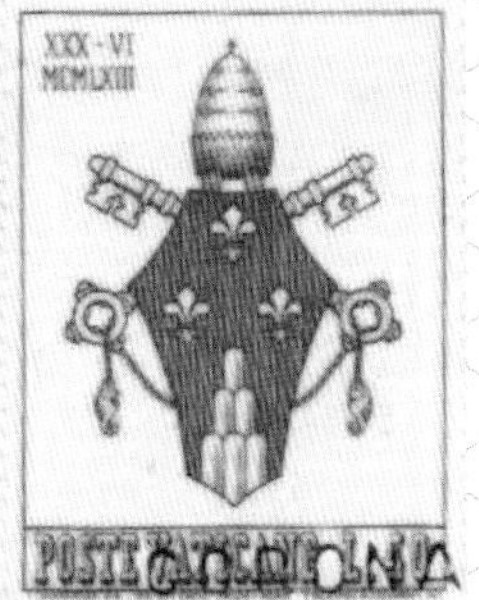

图 3-31　蜂巢皇冠邮票

2. 为宣传养蜂业而设计的邮票

养蜂业是农业生产的重要组成部分，养蜂业的稳定发展对于促进农民增收、提高农作物产量和维护生态平衡都具有重要意义，因此，许多国家发行了以养蜂生产为主题的邮票，来宣传养蜂生产。

1941 年保加利亚发行了一套以农业生产为题材的邮票，其中 1 张是关于养蜂的邮票（图 3-32）。这张邮票前景为养蜂人检查蜂群，后景是 5 只蜂箱的图案，表明养蜂业在保加利亚农业生产中占有较重要的地位。波兰

1974 年发行了一套以民间木刻画为题材的邮票，其中第 1 张为传统的养蜂业，图案由养蜂人、旧式蜂箱和飞翔的蜜蜂组成（图 3–33）。

图 3–32　保加利亚 1941 年发行的养蜂题材邮票

图 3–33　波兰 1974 年发行的养蜂题材邮票

2009 年以色列发行了一套名为“一块流淌着牛奶和蜂蜜的土地”(A land flowing with milk and honey) 的邮票，图案由蜜蜂、巢蜜、蜂蜜等组成 (图 3–34)。

图 3–34　以色列 2009 年发行的养蜂题材邮票

为宣传养蜂产业而设计邮票的还有下列国家和地区：罗马尼亚（1963，2010）、保加利亚（1967）、卢旺达（1970）、多米尼加（1970）、古巴（1971）、卢森堡（1973）、墨西哥（1975，1981，1993）、苏联（1989）、瑞典（1990）、墨西哥（1993）、阿尔巴尼亚（1995）、皮特凯恩（1999）、阿根廷（2001）、乌克兰（2001）、埃塞俄比亚（2002）、斐济（2006）等。

3. 以蜜蜂采蜜、授粉为主题的邮票

蜜蜂授粉能使植物界繁荣昌盛，蜜蜂为农作物授粉能够实现增产增收。以蜜蜂采蜜、授粉为主题的邮票也较多，保加利亚 1987 年发行的一套 6 枚的邮票（图 3–35），由其主要的蜜源植物牧草、向日葵、刺槐、薰衣草、椴树等图案组成。发行类似主题邮票的还有以下国家和地区：民主德国（1959）、罗马尼亚（1959，1963）、葡萄牙（1967）、保加利亚（1967）、苏联（1971）、英国（1963）、卢森堡（1973）、法国（1979）、以色列（1983）、尼加拉瓜（1984）、美国（1988）、朝鲜（1992）、日本（1997）、乌克兰（1999）、利比亚（1999）、爱沙尼亚（2000）、伊朗（2001）、日本（2005）、德国（2010）。

图 3–35　保加利亚 1987 年发行的蜜蜂主题邮票

4. 为纪念重要事件或人物而设计的蜜蜂邮票

国际养蜂大会是加强国际养蜂科研协作、交流养蜂技术经验、促进养蜂事业发展的重要会议，因此，很多国家在国际养蜂大会举行期间都发行过纪念邮票，见图 3–36。如捷克斯洛伐克 1963 年第 19 届国际养蜂会议的纪念邮票（图 3–36a），罗马尼亚 1965 年第 20 届国际养蜂会议的纪念邮票（图 3–36b、图 3–36c），苏联 1971 年第 23 届国际养蜂会议的纪念邮票（图 3–36d），匈牙利 1983 年第 29 届国际养蜂会议的纪念邮票（图 3–36e），日本 1985 年第 30 届国际养蜂会议的纪念邮票（图 3–36f），波兰 1987 年为庆祝第 31 届国际养蜂会议召开发行的一套 6 枚的纪念邮票（图 3–36g），南斯拉夫 1991 年发行第 33 届国际养蜂会议（这次会议因当时的战乱而取消）的纪念邮票（图 3–36h），中国 1993 年正式举办第 33 届国际养蜂会议并发行了一套 4 枚的特种邮票（图 3–36i），爱尔兰 2005 年第 39 届国际养蜂会议的纪念邮票（图 3–36j）。

各国为纪念著名养蜂专家发行了许多邮票。波兰 1956 年发行纪念齐从逝世 50 周年邮票，他被波兰养蜂界称为“波兰养蜂业之父”（图 3–36k）。1845 年他发现雄蜂由未受精卵发育而成，证明蜜蜂具有孤雌生殖的特性，其设计了一种双层盒式蜂箱，下层用于育虫，上层继箱储蜜，被称作“齐从箱”。南斯拉夫 1973 年发行了纪念养蜂家扬沙逝世 200 年邮票（图 3–36l）。他于 1771 年发现蜂王在蜂巢外交尾。乌克兰 2000 年发行了纪念养蜂家普罗科波维奇逝世 150 年邮票（图 3–36m）。普罗科波维奇创办了俄国第一所养蜂学校，在 50 年内培养了 600 多名养蜂技术人员，其中很多人后来成了俄国养蜂界的骨干。

为纪念养蜂组织成立而发行邮票的国家有挪威（1984，养蜂协会成立

100年）（图3–36n）、卢森堡（1986，养蜂工会成立100年）（图3–36o）、叙利亚（1995，阿拉伯养蜂工会建立）、约旦（1998，第二届阿拉伯养蜂会议）（图3–36p）。

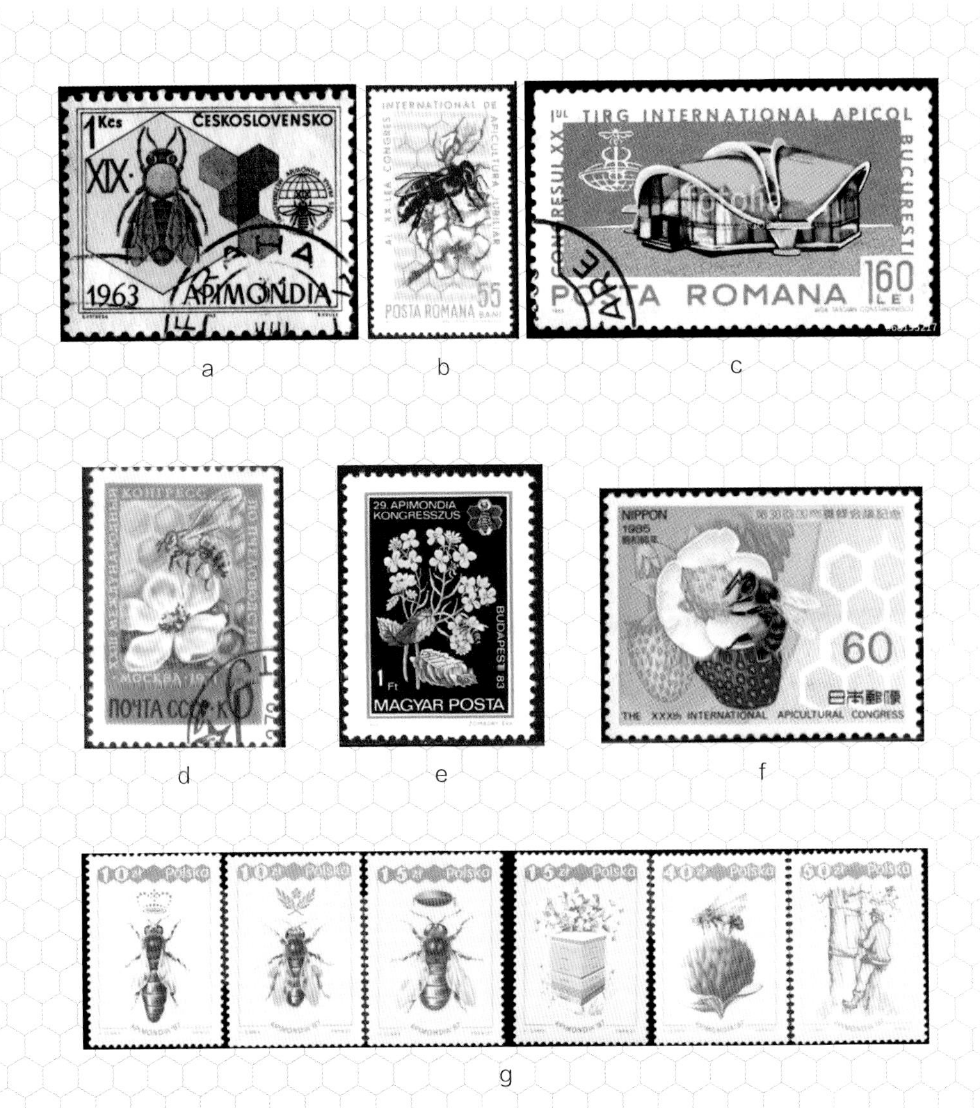

a b c

d e f

g

APIMONDIA
11
JUGOSLAVIJA
PTT

h

中国邮政
CHINA
10分
15分
20分
2元

i

Éire
65c
Apimondia 2005

j

DR JANA DZIERZONA
50 LECIE SMIERCI
1811
1906
60 gr
POLSKA
40 gr
POLSKA

k

1734 ANTON JANŠA 1773
PTT
0·80
JUGOSLAVIJA

l

2000
ПЕТРО ПРОКОПОВИЧ
УКРАЇНА
30к.

m

NOREG 250
NORGES BIRØKTERLAG
1884-1984

n

4F
LUXEMBOURG

o

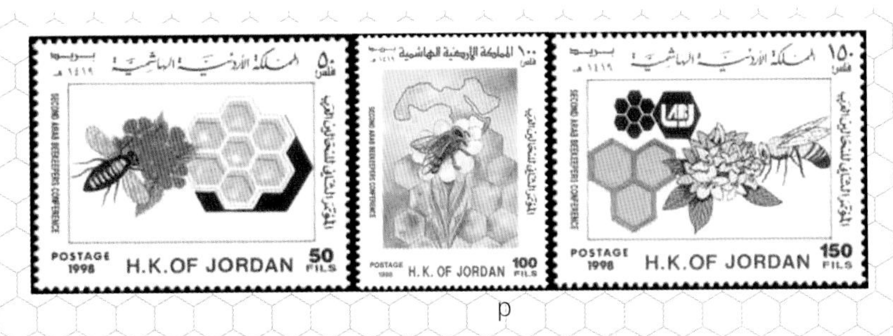

p

图 3-36　纪念重要事件和人物的蜜蜂邮票

5. 熊蜂邮票

熊蜂是目前世界上对温室果蔬授粉效果最好、应用最为广泛的传粉昆虫，该属已知300多种，除南极洲外，各洲都有分布，广泛分布于寒带、温带，其中温带地区较多，因此，熊蜂经常跃然于邮票之上，见图 3-37。俄罗斯2005 年发行了一套 5 枚的熊蜂联票（图 3-37a），标有熊蜂拉丁名、地理分布等信息，具有一定的科普价值。芬兰（1954，图 3-37b）、波兰（1961，图 3-37c）、南斯拉夫 (1978，图 3-37d）、蒙古（1979，图 3-37e）、匈牙利（1980，图 3-37f）、葡萄牙（1984）、英国（1985，图 3-37g）、越南（1986，图 3-37h）、挪威（1997，图 3-37i）、圣文森特和格林纳丁斯（1997）、立陶宛（1999）、厄立特里亚（2001）、冰岛（2004）、白俄罗斯（2004）、加拿大（2007，3-37j）、美国（2007，3-37k）、摩尔多瓦（2009，3-37l）、斯洛文尼亚（2012，3-37m）、（英属）蒙特塞拉特岛（2015，3-37n）、英国（2015，3-37o）等国先后发行了熊蜂邮票。这些邮票设计精美，色彩鲜艳，为集邮者所珍视。

a

b

c

d

e

f

g

h

i

j

k

l

m

n

o

图 3–37　熊蜂邮票

6. 与储蓄相关的邮票

蜜蜂勤劳节俭的精神历来为人们所传颂，各国先后发行了许多与储蓄相关的带蜜蜂或蜂巢图案的邮票，见图 3–38 。例如：保加利亚（1946，开办储蓄 50 周年，图 3–38a）、罗马尼亚（1947，世界储蓄日，图 3–38b）、匈牙利（1947，邮政储蓄日，图 3–38c）、匈牙利（1958，储蓄，图 3–38d）、波兰（1961，储蓄月，图 3–38e）、韩国（1966，扩大储蓄运动，图 3–38f）、尼日尔（1973，世界储蓄日，图 3–38g）、匈牙利（1990，第一家储蓄银行成立 150 周年，图 3–38h）等。

通过一枚枚蜜蜂邮票，让我们了解了养蜂业的历史，看到了养蜂业的发展，这更有利于我们今后更多、更好地研究和利用蜜蜂，造福于人类。

图 3–38 与储蓄相关的带蜜蜂或蜂巢图案的邮票

世界上第一张蜜蜂邮票

早在世界上第一枚邮票黑便士出现后10年，也就是1850年，澳大利亚新南威尔士州发行了一枚描写悉尼风情的邮票（1便士），收藏家们称之为悉尼景色（Sydney views）（图3-39）。

图3-39 世界上第一张蜜蜂邮票

在画面上有产业女神的座像，右侧有两个女人和一个男人，女神像的前面有食品、锄头、铁镐和竹竿，四周有飞翔的小蜜蜂，两侧是巢脾，这张邮票被喻为世界上第一张蜜蜂邮票。在这种小画面上出现的自然景物都比较小，画面上的蜜蜂很难识别。这套邮票于1851年又增加了2便士、3便士的面额（图3-40）。

图3-40 1851年蜜蜂邮票其他面额版

七、动漫

在动画片以及各类文学艺术作品中，形形色色的动物形象常常被赋予各不相同的情感内涵，该动物是否有益于人类成为爱憎贬褒的标准。蜜蜂对于人类的益处不胜枚举，理所当然地被作为辛勤劳作、无私奉献的形象加以赞美。而且小蜜蜂的形象可爱活泼，所以以小蜜蜂做主角的动画片也颇受大家喜爱，分别见图 3–41 至图 3–46。

图 3–41 《蜜蜂总动员》

图 3–42 日本动画片《小蜜蜂寻亲记》

图 3-43　日本动画片《小蜜蜂玛雅历险记》

图 3-44　《玛雅历险记大电影》

图 3-45　《蜜里逃生》

图 3-46　动画片《小蜜蜂》

八、博物馆

（一）中国蜜蜂博物馆（图 3-47）

蜜蜂由于具有严密的社会性群体结构和高度发达的生物本能而引起人们浓厚的兴趣，成为自然科学的重要研究对象。我国不但拥有丰富的养蜂自然资源，而且悠久的养蜂历史形成了精彩纷呈的蜜蜂文化。各机构及企业建设的蜜蜂博物馆也如雨后春笋般层出不穷，由中国农业科学院蜜蜂研究所主办的中国蜜蜂博物馆就是这其中的代表。

1. 应运而生

图 3-47　中国蜜蜂博物馆（韩宾　摄）

1993 年 7 月，第 33 届国际养蜂大会在北京召开前夕，全国业内上下都在热烈期盼着此次中国养蜂界的空前盛事，并为此而紧张忙碌筹备着。为了向与会的国内外养蜂者较全面形象地介绍我国的养蜂资源、历史、文化和蜂业发展成就，中方组委会决定在会议安排的主要参观点之一——中国农业科学院蜜蜂研究所内筹建一个小型的中国蜜蜂博物馆。

经过50多个日日夜夜的艰苦奋战，中国第一个蜜蜂博物馆的布展工作完成。同年9月，第33届国际养蜂大会在北京召开。具有中国民族风格外观、内容丰富生动，既具科学性又具文化内涵的博物馆呈现在近2 000名与会者面前，且受到广泛好评。隶属于中国农业科学院蜜蜂研究所的中国蜜蜂博物馆在第33届国际养蜂大会上获得了金奖。1997年4月，中国蜜蜂博物馆在北京市文物局正式注册登记，并正式向社会开放。

2. 展品丰富

中国蜜蜂博物馆位于风景优美的香山北京植物园内，著名古刹卧佛寺西侧，馆舍是掩映在丛林中的一座平房小院，周围植被茂密，景色宜人。春季桃花盛开、秋季红叶烂漫时节吸引游人无数。

谈及馆内陈列展品，姚军馆长认为，展品丰富是中国蜜蜂博物馆的一大亮点。这里的展品来自世界各地，既有中国养蜂学会、自然博物馆等单位提供的宝贵素材，也有原馆长黄双修及历届蜜蜂所领导收集的标本，还有各兄弟单位和热心人士的捐赠。在各界的支持帮助下，中国蜜蜂博物馆拥有北泊子古蜜蜂化石，大蜜蜂蜂巢及各种类型蜜蜂的标本，西双版纳傣族村寨实景养蜂景观模型、蜜蜂解剖模型、蜜蜂生活史趣味模型等3个实景模型。

经过18年多的发展，博物馆展厅面积已从最初的80平方米发展到近230平方米，馆内有图片和图表800多幅，标本和实物近千件，景观模型3个等。目前，博物馆展厅分为4个展室，基本陈列为“蜜蜂是人类的朋友”

主题展，展出内容包括蜜蜂的起源和化石，养蜂业发展史，蜜蜂与人类文化的渊源，中国的养蜂资源，蜜蜂生物学，养蜂技术，蜜蜂授粉，蜂产品和蜂疗，中国现代养蜂业发展成就和科技成果，国际交往等。通过图片、图表、标本、实物、景观模型、录像播放等手段，以生动直观的形式介绍和展现了我国源远流长的养蜂发展历史、蜜蜂的生物学知识、现代养蜂科学技术和蜂产品市场的繁荣，见图3–48。

图3–48　中国蜜蜂博物馆内部（韩宾　摄）

3. 公益第一

据了解，中国蜜蜂博物馆被列为北京市海淀区青少年科技教育基地和北京市科普教育基地，特别着眼于建设成为中小学生物学教学的课外活动场所和爱科学、学科学的园地，培养中小学生对蜜蜂科学和生物学的兴趣，满足他们探求知识的渴望，并以蜜蜂的“品格”对他们进行高尚情操的熏陶。

姚军馆长介绍，自建馆以来，该馆就明确定位为一家公益性博物馆，并于2006年开始实行免费参观，本着公益第一、科普为主的原则，馆内提供免费讲解。该馆面对社会几乎所有年龄段的公众，这在专业博物馆当中并不多见。加之地处北京，面向的是全国众多阶层和行业的参观、访问者，针对每类人群，有着不同的举措。

具体如下：面向青少年观众，会力图使参观者在参观中获得相关的生物学知识，激发青少年对大自然的热爱，对生物学和昆虫学的兴趣，陶冶情操，满足他们探求知识的渴望，是中小学生生物学课外教学和实践的理想场所。面向青年观众，使参观者了解人与自然和谐相处的意义；蜜蜂在人与自然界之间扮演什么样的角色；蜜蜂对农业尤其是现代生态农业的重要作用；中外蜜蜂文化。面向中老年观众，除了以上两点知识外，更侧重介绍他们关心的蜂产品知识，如：蜂产品的来源、生产、鉴别、服用方法等。面向其他人群，如养蜂爱好者访问、科学访问、媒体采访等，也提供相应的讲解和服务。

在常规展品之外，中国蜜蜂博物馆每年都会安排博物馆日的专题展览，中、小学生春秋游期间的专题展览和趣味活动，以及为中老年人安排的一些蜂产品知识讲座。此外还面向广大养蜂爱好者开通了免费咨询电话，提供咨询和服务，仅 2011 年上半年服务就达 1 500 余人次。

4. 走出去，请进来

中国蜜蜂博物馆在业内知名度很高，得到社会各界及各级领导的肯定和好评：2001 年被确定为中关村科技旅游定点单位；2002 年被评为国家 A 级旅游景点；在首届北京地区博物馆“清华工美杯”参观纪念品设计大奖赛中，馆作品《蜂恋花》获得博物馆组银奖；2004 年获得海淀区科协颁发的科学技术普及工作优秀组织奖。

虽然中国蜜蜂博物馆满载荣誉，但同时也在不断反思自身的不足。姚军馆长说，对于未来，中国蜜蜂博物馆将秉承“走出去、请进来”的策略。“走出去”是要加强与其他博物馆的沟通、加强与媒体的联系、加强与政府相关部门的沟通；而“请进来”是想通过宣传介绍等措施，不但要把普通观众请进来，更要把记者、专家、官员们请进来，以博物馆为窗口，让社会各阶层都能够了解、喜欢蜜蜂，不但要继续扩大中国蜜蜂博物馆的知名度，也要为推动整个蜂业的发展尽绵薄之力。

（二）中国养蜂学会蜜蜂博物馆（图 3-49）

图 3-49　中国养蜂学会蜜蜂博物馆

1. 基本情况

中国养蜂学会蜜蜂博物馆占地 12 000 平方米，其中展厅 600 平方米，多媒体演示厅 260 平方米。工作人员 22 人，其中有高级职称 6 人。其主要功能是传播蜜蜂文化、推广养蜂新技术，集展览、技术推广、科普教育于一体。为了更加深入广泛地开展科普惠农和蜜蜂科普工作，博物馆还配备一套举办科普巡回展览的设备，经常根据需要到各地举办各种专题的巡回展。自2001年开馆至2010年初，参观考察者超250万人次。前来参观考察的蜂业界人士来源广泛：国内的，除西藏外，几乎遍及所有省区市；国外的，来自澳大利亚、新西兰、日本、马来西亚、加拿大、美国、泰国、德国、新加坡等国家。据悉，许多蜂业界人士前来参观的目的是先考察学习，再回当地开办各式各样的蜜蜂文化科普展馆。自2003年起，博物馆先后被中山市认定为“中山市科普教育基地”，被广东省科学技术厅、中共广东省委宣传部、广东省教育厅、广东省旅游局、广东省科协联合命名为“广东省青少年科技教育基地”，被广东省政府命名为“广东省科普教育基地”，被中共中山市委组织部、中山市科学技术协会定为“中山市农村党员和基层干部科技素质培训基地”，被国家科协定为“科普惠农兴村科普教育基地”。

该博物馆现已成为中山市的文化科普、青少年素质教育建设以及旅游建设的一个重要组成部分。它还积极组织专家、教授、蜂农配合开展相关蜜蜂养殖、选种育种、蜜蜂防病治病、蜜蜂产品生产加工、蜜蜂文化科普的课题研究。此外，博物馆还与南方医科大学陈恕仁教授、广州中医药大学教授合作编写出版了《广东蜂业》《蜜蜂文化解读》《蜜蜂与人类健康》三本蜜蜂类图书。

该博物馆开馆以来，根据自身实际和社会需要，在中国养蜂学会和各级科协的指导下，重点开展科普惠农和科普蜜蜂知识工作。具体有以下几个方面：

1. 推广养蜂新技术，促进广东省养蜂业持续健康发展，提高蜂农收入

博物馆一直以来将推广养蜂新技术，促进养蜂业发展作为首要工作来

抓。一方面，以博物馆的名义邀请中国养蜂学会、中国农科院蜜蜂研究所、广东省昆虫研究所等专业机构的专家为蜂农开展各种形式的技术服务；另一方面，千方百计通过各种渠道搜集国内外最新养蜂技术，包括蜂具、蜂种、蜂药、蜂饲料等，组织蜂业专家研究、论证，筛选出适宜本地推广的技术，通过各种形式向蜂农推广。

有些复杂的需要培训才能掌握的技术，博物馆就组织培训班，请专家对蜂农进行培训。近几年，博物馆共组织专家、养蜂能手参加的研讨、论证会议 8 次，参加人数 300 多人次；邀请专家对蜂农进行技术培训 27 次；组织蜂农参观学习 46 次；参观、学习和参加培训的蜂农达 5 000 多人次；共送出养蜂技术书籍 16 000 多册。通过参观、学习、培训，蜂农掌握了科学养蜂技术，蜂群比以往繁殖快，病害减少，蜂产品产量增加、质量提高，有力地促进了养蜂业发展。同时，蜂农也取得了可观的收入。据不完全统计，这几年来通过博物馆、广东省养蜂学会、广东省昆虫所等单位的蜂业专家的努力，全省蜂群数增加了 23 万群以上，全省养蜂产值增加 1.3 亿元。一些蜂农按照专家指导，实施科学养蜂生产管理，收入比过去增长了 30%，而且生产的蜂产品全部达到国家标准。

2. 向果农宣传蜜蜂授粉的作用，为果农联系蜜蜂授粉，发展生态养殖、种植，增加果农收入

该博物馆通过各种渠道搜集反映蜜蜂授粉对农作物、经济林木增产增收的科学资料、数据和相关的科普图片，制作成小册子、海报、宣传单等送到果园，让果农充分认识蜜蜂授粉对果树增产的重要性，认识蜜蜂授粉是投入小、产出大、安全环保的增产措施。博物馆共送出小册子 500 多本、

海报2 000多张、宣传单2万份。同时，还在资料里面宣传果树开花时不要喷洒农药，保障蜜蜂采蜜的安全和蜂产品质量的安全。

博物馆的这项工作成效突出，深受果农蜂农的欢迎和好评。一些果园通过博物馆介绍，让蜂农到那里放蜂，果树显著增产。翌年果树开花时，场主为了吸引更多的蜜蜂为其果树授粉，极力要求博物馆帮他们请蜂农到果园放蜂，还主动提出负责蜂群进场来回的运费和蜂农的伙食，并为每箱蜜蜂补贴20元。通过扎实的科普宣传工作，博物馆成为蜂农与果农互惠联姻的“红娘”，为他们提高收入做出了积极的贡献，很多蜂农和果农都写信或打电话来感谢博物馆。

3. 开展蜜蜂对维护生态平衡的重要意义的科普宣传工作

在省、市科协的指导和帮助下，博物馆以提高全民科学素质为己任，结合自身实际开展蜜蜂在环境保护、生态平衡方面的科普工作，同时结合建设社会主义精神文明的需要，大力宣传“团结、勤奋、奉献”的蜜蜂精神，弘扬蜜蜂文化。

博物馆在这方面的具体做法是：定期免费向青少年学生和老年人开放，把博物馆作为中山市科普夏令营营地，使更多青少年学生和市民了解蜜蜂对维护生态平衡的作用，了解蜜蜂精神，了解蜜蜂文化，从而提高青少年和广大市民的科学素质。

中国养蜂学会蜜蜂博物馆开馆至今，一直都在探索如何在不多增加投入资金和管理经费的情况下，增加文化科普内容，并安排专人负责调研及搜集资料，现已规划出蜜蜂博物馆的配套工程：药用植物园、菊花园、茶文化园、摄影文化展。

（三）北京蜜蜂大世界科普馆（图 3-50）

北京蜜蜂大世界位于密云区太师屯镇龙潭沟村，面朝风景秀丽的密云水库，背靠闻名遐迩的白龙潭风景区，依山傍水，人杰地灵。

图 3-50　蜜蜂大世界

“蜜蜂大世界”文化产业园总投资 2 亿元，园区分为博物馆、生产区、标准化养蜂体验区、登山游览采摘区、游客接待区等，开设了蜂场参观、生产车间参观、科普馆、蜂产品 DIY、蜜蜂动画互动游戏、爬山、基地、梁崇波蜜源植物识别等活动项目。其中，蜜蜂大世界科普馆主楼上下共 5 层，建筑面积 3 800 平方米。包括生产车间、科普展厅、会议室、亚蜂联会议室，还规划建设了互动影厅和蜂疗馆。其中科普展区 650 平方米，是北京最大的蜜蜂主题的科普展馆，由科普知识区、互动体验区和产品展示区三个区域组成，展馆以实物、文字、动画、标本模型、互动投影、互动体验，并结合声、光、电等特效展示蜜蜂科普文化知识，让人们在轻松愉快的环境中学习蜜蜂的精神，普及有关蜜蜂的知识，见图 3-51。

图 3-51　蜜蜂大世界内部

蜜蜂大世界特色一览：一馆、一台、十八区。

一馆：蜜蜂文化与蜜蜂精神科普馆

科普馆面积800平方米，是北京最大的蜜蜂主题科普展馆，馆内以图片、文字、模型、实物、互动游戏等内容，利用声、光、电等特效，以充满智慧的“人间精灵——蜜蜂”为主题，打造一个奥妙奇趣的“蜜蜂世界”。

一台：蜜蜂大世界观景台

登上蜜蜂大世界观景台，极目远眺，AAA级景区白龙潭景色尽收眼底，双龙水坝气宇轩昂；曲折、盘绕的“之”字形柏油马路使人感到山之幽深，林之茂密，满眼嫩绿。蔚蓝的密云水库尽收眼底，波澜不惊，熠熠生辉；蜜蜂群舞于树间，令人浮想联翩，流连忘返。

十八区：

1. 国家级蜂业综合标准化示范区

由国家标准化委员会认定的第八批农业标准化示范区，示范应用国家标准、行业标准、地方标准和企业标准40多项，示范内容涵盖了蜜蜂标准化饲养、蜂产品标准化采收、标准化加工与标准化检测等各个环节。

2. 现代养蜂和传统养蜂对照区

展示现代养蜂中使用的木质朗式蜂箱、塑料蜂箱、生态木蜂箱、自流蜜蜂箱、彩色蜂箱等各国先进养蜂工具及生产方式，与土蜂箱、木桶蜂箱、水泥蜂箱、竹篓蜂箱等历史上传统养蜂工具相对比，再现养蜂业发展上千年的历史沿革，也展示现代养蜂技术的独特魅力。

3. 意大利自动化封盖蜂蜜分离区

“蜜蜂大世界”拥有国内引进的第一台意大利先进成熟蜂蜜分离设备，该设备实现了封盖成熟蜂蜜从蜡盖切割、蜜脾传送、蜜脾分离、成熟蜜过滤、蜜盖蜂蜡回收等全过程的自动化操作，不仅能大幅度减轻养蜂员的劳动强度，而且实现了成熟蜂蜜生产的机械化、集约化和标准化。

4. 成熟蜂蜜分装区

成熟蜂蜜是指蜜蜂采花蜜后，将其唾腺分泌物装到巢房中，经过 5 ~ 7 天的充分酿造、脱水，使含水量降至 20% 以下，并使双糖充分转化为单糖，葡萄糖和果糖总含量达 70% 以上，此时的蜂蜜浓稠、醇香，营养丰富，是真正的优质蜂蜜。该区域将充分展示天然优质成熟荆条蜜的过滤、灌装和贴标全过程。

5. 新型图文巢蜜展示区

将巢蜜生产技术、蜜蜂文化和旅游业结合起来，科学、巧妙地利用蜜蜂的生物学特性，研制开发了带有文字和图案的自酿式创意巢蜜产品，并申请了国家发明专利，见图 3–52。巢蜜上显现的文字和图案随心所欲，可根据不同消费群体的不同消费需求来制定主题，弘扬社会正能量，可作为礼品送给朋友、生意伙伴、老师等，也可自己当作收藏品购买，更是送给长辈、亲人、朋友最美好的祝愿；还可以个性化预订，能够满足广大游客和消费者的不同个性需求，既是高品质的营养保健食品，也是能够弘扬蜜蜂文化、带动旅游观光业发展的特色旅游纪念品。

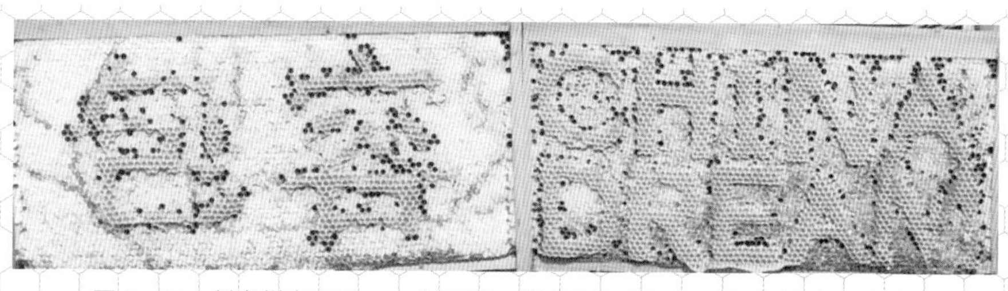

图 3–52　创意巢蜜产品——“包容”“CHINA DREAM”（韩宾　摄）

6. 高活性蜂王浆精装区

蜂王浆是青年工蜂舌腺（咽下腺）和上颚腺共同分泌的混合物，其颜色呈乳白色或浅黄色，具有酸、涩、辛辣、微甜味道，简称王浆，又称蜂乳、蜂皇浆。经国内外多年科研和医学临床实践证明，蜂王浆作为珍稀名贵的天然营养品、滋补品，对人类具有神奇的医疗、保健作用。本区域展示了高活性蜂王浆的混匀、过滤及灌装、包装的工序。

7. DIY 体验和亲子互动区

游客可以在工作人员的指导下进行现场手工摇蜜、取浆、蜂王浆果冻制作、蜂蜜冰激凌制作及品尝、天然蜂皂的制作、蜂蜡唇膏制作、蜂蜡蜡烛香薰制作、蜂蜡雕塑制作、陶泥手工制作等。

8. 蜜粉源植物识别区

漫山遍野的桃花、梨花、杏花、荆条花、槐花、枣花等蜜粉源植物，形成一片花的海洋，满山的花香味扑鼻而来，沿途可欣赏刺玫花、连翘花、紫丁香花、锦带花等粉源植物，山上还有野生的13种花及多种植物。蜂飞蝶舞，采集花粉，还可观察蜜蜂采粉、脱粉全过程。

9. 屋顶立体绿化观赏区

在蜜蜂大世界楼顶，建有两块面积达800平方米、郁郁葱葱的绿色花园，生长着30多种花草，成为“会呼吸”的楼顶。

10. 多功能、多媒体蜜蜂精品展示放映区

通过声、光、电等高科技手段与二维半场景相结合的形式让观众直观了解蜜蜂王国和蜂产品，成为该区的互动亮点。

11. 蜜蜂授粉果品采摘区

有大面积的桃树、梨树、杏树、酸枣和樱桃树等果树，可以亲自采摘和品尝蜜蜂授粉的桃、梨、杏、樱桃、枣等果品，充分体验蜜蜂授粉果品的果型和口感，体验其均优于普通果品的感觉。

12. 森林疗养绿色体验区

“蜜蜂大世界”旗下的圣母山风景区占地550亩，通过森林旅游、健康步道等活动让广大市民体验天然的绿色氧吧，达到强身健体的目的。

13. 亚蜂联总部办公室参观区

亚洲蜂业联合会总部办公室。

14. 低能耗安全蜂产品储存区

2015年5月建立的低能耗安全蜂产品储存区，建筑面积550平方米，可容纳蜂产品2 000吨。

15. 蜂味餐饮区（待建）

提供以蜂蜜酒为主要饮品、以蜂蜜为主要甜味剂的蜜蜂主题餐饮。

16. 蜂农培训交流区

可同时培训 300 位蜂农。

17. 蜂疗保健体验区

通过展示蜂毒和蜂蜡的药剂，墙面设置疗法的功效介绍，让观众亲身体验蜂毒疗法、蜂蜡疗法等蜂疗保健方法。

18. 出口蜂蜜生产区

生产罐装出口蜂蜜。

（四）华夏蜜蜂博物馆 （图 3–53）

图 3–53　华夏蜜蜂博物馆

四川乐山华夏蜜蜂博物馆是一个以蜜蜂为主题的专题性自然类博物馆。它以蜜蜂标本、蜜源植物标本、养蜂工具等历史文物为依托，被建设成为中国目前规模最大的蜜蜂专题博物馆。经过策划团队的精心设计，将“蜜蜂”这个中心分为三大主题：“蜂之自然，蜂之文化，蜂之哲学。”“蜂之自然”部分主要从自然生物科学角度，结合蜜蜂化石、标本、蜜源植物标本系统解读蜜蜂的自然属性，阐释其生理特征及其与自然环境之间的关系。“蜂之文化”主要从历史学、社会学等角度，结合各类历史文物深入剖析蜜蜂和人类社会之间的关系，包括养蜂的传统与历史、养蜂技术的演变、蜜蜂产品在各个历史时期的应用等。“蜂之哲学”主要选取感人细节，对养蜂人的生活态度、人生哲学、精神境界进行提炼，使观众获得情感共鸣和人生启迪。如果从信息传播的角度评判，三大板块几乎可以涵盖蜜蜂这个主题的各个层面，并且能够形成系统科学的知识体系。然而，如果从“观众体验”的角度思考，这样的设计尚不足以满足不同层次观众的心理需求，更难产生一次令观众终生难忘的心灵震撼。策展人在烦琐的自然科学知识体系中提炼出最能触动观众的信息点，将展览参观的全过程提炼为四次“体验”，希望观众通过这个过程能够在蜜蜂博物馆找到属于自己的心理空间。

1. 一次亲密的接触——审美型体验

正如上文所述，审美是激发观众好奇心、引起联想、酝酿情绪的最直接的方式。蜜蜂标本、化石乃至相关的艺术作品固然可以成为审美型的展品，但策展人却希望为观众设计一次与自然状态下的蜜蜂亲密接触的机会，让他们尽情观察蜜蜂在自然环境中的生活，为观众开启一次愉悦的探索之旅。于是，在博物馆入口通道两旁利用可以透光的天窗，设计了饲养蜜蜂的玻璃阳光房。当观众步入酷似蜂巢形状的六边形几何通道，两旁开满鲜花的玻璃小屋中，蜜蜂正在明媚的阳光下采集花粉、蜂蜜，而不远处的花丛中就是这些小精灵的栖身之所——蜂箱。其实，蜜蜂采蜜的场景在我们生活中并不少见，或许这个阳光房还不足以引起观众对蜜蜂世界强烈的好奇心，然而却能营造出一种贴近生活、贴近自然的氛围，让观众获得一种与以静态标本为主的传统式博物馆陈列不一样的新鲜感，从而带着一种愉悦的心情开始他们的探索之旅。

2. 一次奇妙的探索——娱乐型体验

与蜜蜂相关的自然科学知识可谓体系庞杂，包括蜜蜂个体的生理结构特征、蜂群的构成及种类、蜂群成员之间传递信息的方式等，如何将这些知识转化为形象生动、妙趣横生的博物馆陈列语言，是观众体验设计的关键。在华夏蜜蜂博物馆的自然探索板块，设计团队决定以“娱乐体验”为原则，以一种前所未有的方式鼓励观众学习。于是，设计师在50平方米的仿真蜜蜂巢穴中，模拟好莱坞著名动画影片《亚瑟的迷你王国》（第三部）进行创意设计：渺小的蜜蜂被放大千倍，如同庞然大物，使观众仿佛置身于一个奇幻的童话世界。在这里，参观者将开始一系列的冒险之旅：他们可以用“蜂眼”看世界，通过特殊的视频互动装置了解蜜蜂的视觉特征；他们可以与蜂共“舞”，通过肢体感应的互动多媒体游戏了解工蜂之间传递信息的“圆圈舞”和“摇摆舞”；他们还可以通过网络微博阅读“蜂王日志”，见证它浪漫唯美的“空中婚礼”。这个自由的空间没有对参观者的束缚，也没有任何“说教”式的传播，只是让参观者融入蜜蜂的世界，走进蜜蜂的生活，去发现和探索他们想要获得的信息。

3. 一次心灵的震撼——遁世型体验

从观众心理学的角度讲，那些生活在大都市，承受着巨大心理压力的人群，总有逃避现实的倾向，他们甚至希望去尝试一种前所未有的全新生活。在展厅的“蜂之哲学”板块，策展人就紧紧抓住现代人的“遁世”心理，让他们去尝试一种新的生活态度，领悟一种新的生活哲学。策展方以

“养蜂人的四季、养蜂人的一天、养蜂人的哲学”为主题，让观众随着养蜂人的足迹，由南向北，追花逐蜜，感受如同吉普赛人一般的“流浪”生活。最后，参观者将从青海湖畔的油菜花丛步入式场景走进养蜂人居住的简易帐篷，体验养蜂人辛勤工作的一天：放蜂、割蜜、炼蜜、制作蜂王浆，这些用蜡像构成的质朴而感人的人物画面触动着每个观众的内心。在这里，参观者将体验“宿的是春草铺，吃的是风霜露”的养蜂人生活，学会“在喧嚣的世界寻找内心的花海”，理解“随遇而安但从不迷失方向”的人生哲理，从而产生一次强烈的情感共鸣和心灵震撼。

4. 一次深沉的思考——教育型体验

假如没有蜜蜂，我们的世界会变成什么样？这是在展览尾声的多媒体环幕剧场留给观众的思考。一张满陈珍馐佳肴的烛光餐桌摆放在剧场正中，餐桌四周的墙面挂满鲜花、蔬果的美丽画面。但当观众正在欣赏这美好的一切时，环幕中的轰鸣推土机压倒了蜜蜂赖以生存的鲜花，一只只蜜蜂陨落在干涸的黄土地上。这时，全球 4 万种依靠蜜蜂授粉的植物逐渐消失，以这些植物为食的动物群也濒临灭绝，如同多米诺骨牌一样，整个地球生态环境开始崩溃，人类面临生存的危机。与此同时，餐桌上的食物变得灰暗，墙上的照片变成灰白，只有一束灰白的光照射在单调的面包和米饭上。“如果没有蜜蜂，人类最多存活四年。”——著名科学家爱因斯坦的预言在这个时候出现在荧幕上，揭示影片的主题：蜜蜂与人类的生命紧紧相连。尽管影片最后的场景又恢复到鲜花盛开、蜂群飞舞的美好世界，但展览传递给观众的信息是深刻的：任何生物都与人类的生存息息相关，只有珍爱自然生命，维护生态平衡，才是我们的生存之道。正如上文所述，每个观众看完影片之后会有不同的心情，但这却是华夏蜜蜂博物馆留给参观者的一次刻骨铭心的记忆和思考。

总体而言，华夏蜜蜂博物馆的观众体验设计思路紧紧围绕“蜜蜂”这个主题，四种体验模式层层深入、环环相扣，紧紧抓住观众的心理需求，使整个展览过程如同观赏一部跌宕起伏的电影，令人回味无穷，难以忘怀。而这个效果的实现，除了上文所述的创意体验设计之外，还需要通过展厅空间规划、整体环境营造以及一些细节（说明文字、导览标识、视觉形象等）的配合，才能达到预期目标。例如，展厅中的说明文字大量采用第一人称的叙述口吻，配合各种夸张的蜜蜂卡通形象作为导览标识，替代了传统博物馆严肃而呆板的图文版面设计。这些细节的处理，与四个重要的体验展项相辅相成，既能传播知识，又能够起到吸引观众注意力、引导其完成互动过程的作用。

（五）蜂之语蜜蜂王国博物馆（图 3-54）

图 3-54　蜂之语蜜蜂王国博物馆

蜂之语蜜蜂王国博物馆（简称蜜蜂王国）由浙江蜂之语蜂业集团有限公司投资建造，于2003年开始组建，2004年对外开放。该馆地处风景秀丽的富春江畔，浙江桐庐经济开发区320国道旁，毗邻瑶琳仙境、千岛湖等国家级风景名胜区，交通十分便利，是一个以参观游览、休闲、趣味、餐饮、购物为主的农业、科技相结合的科技园。蜜蜂王国主要有四大园区：蜂之语蜂文化主题园、生产线（工业园区）、餐厅、大型购物商场。开馆至今，已接待参观者20余万人次。

文化主题园是蜜蜂王国最大的亮点，占地10亩，投资400余万元，它主要通过蜜源植物展示、参观养蜂场、蜜蜂知识介绍、互动操作等多种形式，向参观者全面展现蜜蜂文化的奥妙。具体来讲分为四部分：

蜂之源：主要介绍各种蜜源植物，以及蜜蜂的起源和发展历史。

蜂之国：通过真实场景(生态养蜂场)，参观目前世界上最大的蜜蜂巢箱，零距离观察蜜蜂，了解蜜蜂在群中的分工协作和生活等情况；体会与蜂共舞的感觉。

蜂之美：主要介绍蜜蜂对农作物、环保等的贡献，以及各种蜂产品对人类健康的作用。

蜂之乐：主要是通过以上对蜜蜂的了解，自己动手操作，如摇蜂蜜、取王浆、刮蜂蜡做蜡烛等。

1. 便利的服务

蜜蜂王国在建设上充分考虑了参观者的相关需求。它内设面积达500余平方米的大型购物商场，提供蜂之语等各种产品及桐庐当地土特产，有近50个品种的产品供游客选择购买。其中的产品展示厅内更是设备齐全，有洗手间、休息处、空调，并可提供自制的蜂蜜饮料。

如果有消费者想借机了解一下蜂产品的生产过程，可直接参观蜂之语GMP标准的生产车间，从而亲眼一见自己食用的每一款蜂产品到底是如何诞生的。

参观累了，游客还可以在园区内特设的餐厅休息用餐。该餐厅足够容纳300人，供应的饮食当然也跟蜜蜂有关，包括蜂产品、花粉以及绿色植物为原料的菜肴、饮料和酒水。

2. 互动式营销

自蜜蜂王国建成以来，每年都会组织蜂之语会员（消费者）来基地参观体验。保健讲座、意见反馈、旅游观光等活动获得会员（消费者）的一致好评和感谢。同时，蜜蜂王国还定期举行青少年科普教育、蜂文化知识竞赛等特色活动。可以说，寓教于乐、亲临感受、参与互动是蜜蜂王国活动的主要特色。

蜜蜂王国的参观人群主要包括蜂之语会员（消费者）、各地游客、商务考察者、开展科普教育的学生以及亲子体验的家庭等。他们在参观后普遍反映，在蜜蜂王国真正体验了蜂农收获的乐趣，了解了蜜蜂生活，体会到了蜜蜂精神，当然还体会到蜂之语各类产品以及企业文化的名副其实。

3. 多样性的博物馆

该博物馆的管理者，对蜜蜂王国的发展前景非常看好，也制订了相应的计划。比如，与浙江大学等高等院校建立密切联系，从而可以就蜂业研究的最新资讯进行交流，在进一步汇总后，能丰富博物馆的内容。今后，博物馆还将扩建，使容纳量相比以往提高10%。同时，该馆还要不断到各地去学习其他蜜蜂博物馆的优点，并结合蜜蜂王国的特色，兼收并蓄，取长补短。蜜蜂王国的最终目标是：建起一座集蜂业、食品业、化妆业等于一体的多样性博物馆。

（六）蜂彩馆（图 3-55）

“蜂彩馆”位于北京市门头沟地区妙峰山的陈家庄，是绿纯（北京）生物科技发展中心总经理谢勇个人出资筹办的一处“特别”的蜜蜂博物馆。

关于“蜂彩馆”的诞生还有一个有趣的故事。

绿纯公司在城区有十几家自己的蜂产品专卖店，很多生活在城里的老顾客都希望在吃蜂产品的过程中，能有机会了解蜜蜂和蜜蜂文化，了解蜂产品是怎么生产加工出来的。绿纯对于这些诉求十分重视，开始考虑兴建一个蜂文化宣传场所。

同时，另一件对谢勇有所触动的事是，他的女儿就读的学校要求家长帮忙给孩子们推荐个有趣的地方，既能增长知识又适合游玩，他物色良久却没能找到一处满意的，这件事情也启发了他的灵感。“我希望在宣传蜜蜂文化的时候能够兼顾青少年。”谢勇有志于做这样的事情。从南方到北方，甚至我国台湾地区，他都做过一番细致的调研和考察。绿纯把原来那些客房进行改造，同时在有着 150 多群蜂的养蜂场旁边又辟出几百平方米，盖了一座蜜蜂科普宣传的场馆，并给它起名叫“蜂彩馆”。

图 3-55　蜂彩馆（谢勇　摄）

蜂彩馆是一座多功能蜜蜂生态文化馆，它外观颜色艳丽、图案活泼、动感十足，分为三个展厅和两个 DIY 室，见图 3-56。展厅占地约 400 平方米，以实物、图片、文字、人造场景为内容，展示了蜜蜂发展历史、蜜蜂种类、蜜蜂生物学、蜜蜂产品、蜜蜂文化以及今天的蜜蜂与人类的关系。DIY 室是一个可以动手动脑的地方，有各种可供动手的素材，让参与者开动脑筋，充分发挥自己的创造力。

图 3-56　蜂彩馆内部（谢勇　摄）

蜂彩馆的后面有一条小河，水流依着山势起伏，河上搭了一座木桥，深秋的黄叶片片飘落，蔚蓝的天空下，潺潺的流水声萦绕着小山，小桥流水的意蕴令人感觉十分惬意；蜂彩馆的南面是一个中型蜂场，正午的阳光和煦、温暖，100 多群蜜蜂嘤嘤嗡嗡飞舞在樱桃林中，穿梭于我们前后，置身其中让人恍然间有种“山中无甲子，寒尽不知年”的错觉，一切看起来是那么生机盎然，真是休闲放松的绝佳境地。

门头沟地区虽然有着悠久的养蜂历史，但却没有蜜蜂博物馆。谢勇说：“希望用最通俗的语言，用普通消费者和青少年都能理解的表达方式来把蜜蜂的历史、生态、生产等知识表达出来。”考虑到少年儿童的特点，展览厅以图画、图片、语音为主，文字为辅。为此，谢勇还专门请美院的学生绘制了大量卡通图形，这些图看起来精美、形象，赏心悦目，非常吸引人。在静态展示之外，还有大量互动项目。比如，一幅全国蜜蜂分布图，参观者用手一摁，就有语音讲解东北黑蜂、中华蜜蜂等各种蜜蜂分布的地域，以及相关特性。

从馆里走出去后就可以沿着樱桃园的小路走入蜂场，在这里，参观者可以观看到养蜂生产的全貌。观者不仅可以学会一些蜂产品的鉴别知识，还能明白成熟蜜与不成熟蜜的区别是什么等。在生产季节，还可以亲自参与摇蜜、取浆，可以参与生产，也可以知道蜂蜜、蜂王浆、蜂花粉是怎么采收的，甚至还可以品尝到刚采回来的花粉和刚取出来的王浆。

另外，大人们可以观摩生产，孩子们可以看动画片，可以动手做工艺品，可以采摘。院子里种着几十株低矮的樱桃树，果实触手可及，它们都已经有十余年的树龄了，每年 1 000 多千克的产量吸引来一批又一批的小朋友们，悬挂的照片里是孩子们兴奋的笑脸。

谢勇精心营造的蜂彩馆虽然还不够丰满，但已显现雏形，迅速生长的过程显示出它顽强而旺盛的生命力。

（七）中国福标蜜蜂博物馆（图 3-57）

图 3-57　中国福标蜜蜂博物馆

中国福标蜜蜂博物馆坐落于江苏省盱眙县经济开发区新海大道江苏福标生物科技有限公司院内，江苏日高蜂产品有限公司在中国养蜂学会、中国蜂产品协会、盱眙县政府的大力支持下，经过近两年紧张的馆舍修建和设计布展，建成了近 2 000 平方米的大型公益自然科学博物馆，于 2012 年 3 月向大众开放。

中国福标蜜蜂博物馆以“蜜蜂是人类的好朋友”为主题分六个展室，通过图片、标本、模型、实物、三维全息投影、互动花海、仿真蜜蜂、180° 环形影视厅等手段向大众展示包括蜜蜂的起源和演化、中国古代养蜂史、蜜蜂与文化艺术、中国蜜蜂和蜜源植物资源、蜜蜂的生物学特性、蜂产品保健作用、养蜂人追花夺蜜之路、蜜蜂为农作物授粉增产、蜂产品保健和蜂疗、中国养蜂业发展成就等内容。

其中，活蜂观察箱：通过观察，可以看到巢内亮晶晶的蜂蜜，发现蜜源的蜜蜂在巢脾上兴奋地跳着舞，收获归来的蜜蜂正在卸载花粉，个体最大的蜂王正在产卵等有趣的情景；最大蜜蜂模型：为镇馆之宝，根据实物蜜蜂 1∶200 比例制作，形状神态惟妙惟肖，蜜蜂的复眼部分为水晶装饰；三维全息投影：通过现代化科技，可以看到一只飘在空中的虚拟蜜蜂，使参观者能够清晰地了解到蜂群构成、生物学特性、生活习性等；互动花海：采用现代化手段，人走在地面上可以和投影在地面上的蜜蜂进行互动，指挥蜜蜂采集蜂蜜等；180° 环形影视厅：用以播放最真实最全面的蜜蜂世界的影片，使参观者能够全方位了解到神奇的蜜蜂世界。

特别值得一提的是，该馆还着眼于少年儿童成长，这里将建设成为中小学生物学教学的课外活动场所和爱科学、学科学园地，培养中小学生对蜜蜂科学和生物学的兴趣，满足他们探求知识的渴望，并将以蜜蜂的“品格”对他们进行高尚情操的熏陶。

（八）襄阳华夏蜜蜂博物馆

该博物馆坐落于古隆中风景区内，占地面积 4 亩，是湖北首家经政府批准的蜜蜂博物馆，于 2006 年 9 月 18 日正式开馆。

襄阳华夏蜜蜂博物馆的前身为市养生园蜜蜂博物馆。在这里，可以了解到世界各地的养蜂趣闻和我国少数民族的养蜂方法、形状各异的养蜂器具、蜜蜂与人类健康故事等。为方便参观者了解神秘的蜜蜂王国，襄阳华夏蜜蜂博物馆还可以让参观者在博物馆内观看蜜蜂采蜜、酿蜜的全过程。

九、设计中的蜜蜂元素

大自然在设计领域给我们留下了取之不尽、用之不竭的宝贵财富。庄子曾经提出“天人合一”的观念，认为“人”与“自然”不是对立而是互补的，是本质的统一。模仿自然是人类设计的灵感源泉，好的设计也给人以回归自然的本能感动。蜜蜂是大自然不可或缺的组成部分，因此，也常常出现在人类的设计中。

小蜜蜂可爱、勤劳的形象被大量用在服装和工艺装饰中，给人带来生机勃勃的心理感受，如图 3–58 至图 3–60。

图 3–58　有蜜蜂设计的儿童服装（李建科　摄）

图 3-59　有蜜蜂设计的水杯（李建科　摄）

图 3-60　有蜜蜂设计的项链

与此同时，蜜蜂也给建筑设计师提供了很多灵感。在市政、商用建筑领域，甚至民居住宅中也能见到很多蜜蜂和蜂巢的踪影，让常年生活在钢筋混凝土中的都市居民也有了回归大自然的亲切感觉，如图 3-61 至图 3-69。

图 3-61　街角花坛（李建科　摄）

图 3-62　蜜蜂路灯（黑龙江迎春市）（李建科　摄）

图 3-63　罗马尼亚国际蜂联大厦（李建科　摄）

图 3-64　新西兰“蜂巢”议会大厦（范沛　摄）

图 3-65　蜂巢酒店（印度）

图 3-66　深圳机场（程茜　摄）

图 3-67　澳门博物馆的窗棂设计（程茜　摄）

图 3-68　大理喜洲白族民居（程茜　摄）

图 3-69　吧台设计（程茜　摄）

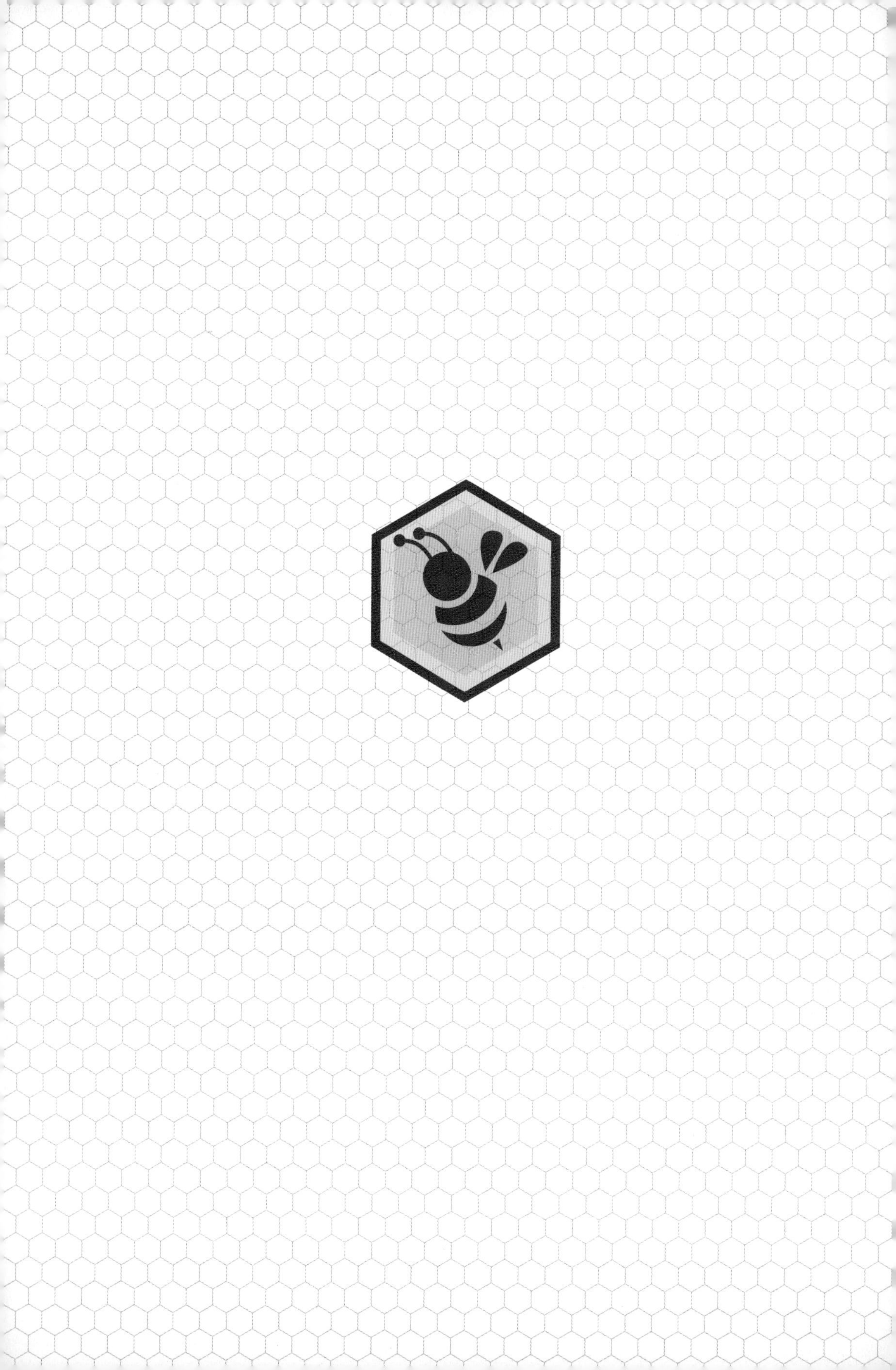

专题四

与蜂结缘

我们今天能够认识蜜蜂、饲养蜜蜂、享受蜂产品带来的诸多益处，与一代一代养蜂人的努力密不可分。吃蜜不忘养蜂人，无论是默默无闻的风餐露宿、辛苦赶场的养蜂人，还是硕果累累、推动技术革新的研究者，他们的辛勤付出都值得人们尊重；也无论是“征服”蜜蜂让它们为人类所用，还是被蜜蜂和蜜蜂精神所感动，这些与蜜蜂结缘的人们，都为养蜂史留下了光辉灿烂的一页。

一、养蜂名人

张品南

张品南（1879—1927），中国现代养蜂业的开拓者。1879年5月22日生于福建省闽侯县傅筑乡，清秀才。福州法政学堂毕业后，即在福州市仓前山天安寺建办三英蜂场。

1912年冬，赴日本学习养蜂技术。1913年春，引进意大利蜂4群和现代养蜂工具及书刊多种，对推动中国现代养蜂业的发展起了重要作用。1915年三英蜂场改为闽侯县养蜂试验场，张品南任主任。以后曾受聘在福州市省立高等农林学校兼授养蜂学，举办养蜂学函授班，函授学生达数百人。1927年3月12日逝世。

著述有《养蜂大意》（1920年上海新学会社出版）、《实用养蜂大意》（1928年上海新学会社出版），译著有《实验养蜂问答》（美国鲁特公司编，1918年福州中华印书局出版）、《养蜂采蜜管理法》（日本青柳著，1919年上海新学会社出版）、《实验养蜂历》（日本野野垣淳著，1920年上海新学会社出版）。

黄子固

黄子固（1896—1958），中国现代养蜂家。湖北省江陵人，1896年4月13日生。1911年随父迁居北京。北平财商专科学校毕业后，在北平协和医院会计科供职，同时与李俊、陈剑星和兰雨田等人从事业余养蜂。1925年辞去北平协和医院工作，开办李林园养蜂场并任场长。为了改变依赖进口蜂具的状况，他在1926年开办了蜂具制造厂，制造并销售巢础、隔王板、分蜜机等各种蜂具。与铁花雕刻工李德成一起，经过一年的研究，试制成功意大利蜂巢础机，销售到全国各地。1930年又研制了中蜂巢础机，制造了中蜂巢础、中蜂隔王板，对中蜂采用活框蜂箱科学饲养起了重要作用。

黄子固潜心研究蜜蜂饲养管理技术，重视蜂王的选育技术，1930年引进一批纯种意大利蜂蜂王，1933年又创办养王专场，每年培育优良蜂王1 000多只，供应全国各地。

毕生致力于科学养蜂技术的推广工作，1934年春，创办并主编《中国养蜂杂志》。此刊一直延续到1956年移交给中国农业科学院接办，改名《中国养蜂》陆续出版至今。

1955年年底李林园养蜂场改名为北京养蜂场，他继续主持该场工作，直至1958年6月5日病逝。主要著作有《最新养蜂学》（李林园养蜂场出版，1937）、《人工养王法》（李林园养蜂场出版，1953）和《养蜂学》（与黄文诚合著，科学普及出版社，1957）。

冯焕文

冯焕文（1898—1958），江苏省宜兴县人，名瀚章。他不仅是畜牧学家、农业教育家，更是发展和推广科学养蜂的先驱。他对蜂、鸡、兔的饲养技术和育种都有丰富的实践经验。

1898年出生于江苏省宜兴县。父亲早亡，家庭生活清贫。他是华绎之先生的得意学生，华绎之先生资助他到美国留学。1919—1926年在美国威斯康星州立大学农学院和加利福尼亚大学农学院等校学习，曾经在"鲁特养蜂公司"实习。在美国的8年，冯焕文专攻禽蜂科学，对禽蜂饲养育种理论造诣很深，并具有丰富的实践经验。冯先生在美国鲁特养蜂公司实习期间，曾参观过美国各大蜂场及蜂具制造部，也拜访过美国有名的养蜂专家米勒博士和其他专家。

1926年冬，冯焕文转道加拿大返回苏州荡口镇。1932年淞沪战争发生，江湾农场毁于日军炮火，劳动大学也被国民政府勒令停办。战争结束后，他在农场废墟上重新建立中华养蜂场，苦心经营，使蜂坊超过了原来的规模，并举办养蜂训练班，招收学员，边学习，边养蜂，培养了一批技术人才，为发展中国的养蜂事业做出了贡献。国内养蜂同行们购买国外的蜂具和巢础机等也得到他很多帮助。

冯焕文一生勤勉好学，著述很多，所著作的蜂书有：1930年由上海新学会社出版的《实验养蜂学》和《最新蜂王育成法》。《实验养蜂学》等就是他对养蜂学界科技创新的标志，创新对推动、指导当时养蜂业的发展起到了重要作用。1931年4月由上海新学会社出版了《养蜂图说》。由美国米勒氏所编著的《养蜂问答》一书，冯先生翻译后由上海新学会社出版。1933年6月，上海新学会社出版了《养蜂大全》《养蜂学讲义》。1951年，由上海中国文化事业社出版了《实用蜂蜜学》，1952年，由中华书局出版了《养蜂手册》。以上各书销售量很大，对我国养蜂事业产生很大的作用。直到1956年他患病期间，还接受江苏人民出版社的约请，编写了《养蜂学浅说》一书。可是他这本最后的专著在1958年正式出版的时候，这位一生孜孜不倦致力于教学、研究和推广的畜牧专家已经与世长辞了。

章元玮

章元玮（1900—1987），中国现代农学家，出生于安徽省来安县。1924年在南京金陵大学农科毕业后，留校任教。以后赴美深造，1936年获得美国明尼苏达大学农学硕士学位。毕生致力于农业科学推广，为发展农业教育和养蜂事业辛勤奋斗60多年，培养了大批农业建设人才。他在美国留学期间，学习了西方近代养蜂科学知识，并在蜂场实习，考察了美国各地以及加拿大和日本的养蜂业。回国后沿中国铁路干线考察了中国华北和中南各省区的养蜂业。历任南京金陵大学教授兼农业教育系、农业推广部和农业专修科主任。在任教期间，曾亲自编写讲义，教授养蜂课程。他还在安徽滁县开办泰生蜂场，养蜂200多群，制造蜂箱、蜂具，对养蜂教育及农业推广起了很大作用。中华人民共和国成立以后，他在1954~1965年任山东齐鲁大学教授、山东农学院教授兼农学系主任，后又在山东昌潍农业专科学校任教。

章元玮在1963年和1981年两次受聘参加中国农业科学院养蜂研究所的工作。1979—1984年任中国养蜂学会理事。退休回到南京寓所后，还参加南京农学院农业遗产研究室工作，从事中国养蜂史及蜜源植物的研究。1987年10月14日在南京逝世。

李俊

李俊（1901—1970），中国农业科学院养蜂研究所（今蜜蜂研究所）创办人。1901年12月生于北京。1923 ~ 1934年在北平协和医院工作期间即业余养蜂，倡导现代养蜂技术。1937年参加抗日战争以后，仍一直关心养蜂事业。中华人民共和国成立以后，于农业部任种子管理局副局长期间，在制定1956—1967年全国农业发展纲要和农业科学发展规划时，曾主持养蜂科研规划的起草工作，筹备建立养蜂研究所。1957年根据他的建议，农业部和农垦部联合召开了全国养蜂工作座谈会。会议明确了发展养蜂业的方针，提出了发展规划和措施。1958年10月主持中国农业科学院养蜂研究所领导工作以后，组织全国广大养蜂科技人员协作研究，推动了养蜂科研和养蜂业的发展。他积极提倡蜜蜂授粉为农业增产服务。把有王群生产蜂王浆技术、电取蜂毒技术、王浆制剂和蜂毒疗法普及到全国。1960年1月接受农业部委托，在四川省主持召开了全国改良饲养本国蜂现场会，促进了中蜂活框蜂箱科学饲养技术的普及。他还亲往云南考察，组织五省市支援云南和内蒙古发展养蜂业，为边疆少数民族地区的养蜂事业做出了贡献。1961 年当选为中国昆虫学会第二届理事会理事。1970 年 3 月 11 日在北京逝世。

马德风

马德风（1914—2007），中国现代养蜂家。中国农业科学院蜜蜂研究所研究员。辽宁兴城人。1914 年 7 月 20 日生。1929 年勤工俭学于辽宁兴城师范学校，1931 年秋日本侵占东北后辍学，任小学教师，1937 年开始学习养蜂，1942 年以后从事专业养蜂。1949 ~ 1956 年先后在辽西省（今辽宁省）兴城、锦州两地农业部门工作，1956 年调农业部经济作物生产总局，任专职养蜂干部，1965 年调中国农业科学院养蜂研究所（今蜜蜂研究所）。1972 年主持蜜蜂育种研究室工作，1982—1988 年任副所长，其后被选为中国养蜂学会第[illegible]届理事会理事长、中国养蜂学会顾问组组长。

马德风在农业部任职期间，协助筹办中国农业科学院养蜂研究所、蜜蜂原种场、种蜂场、养蜂专业院校以及养蜂师资培训班等，为发展中国现代养蜂事业做了大量行政管理工作。

他长期致力于蜜蜂饲养技术研究和蜜蜂品种的改良、推广。20 世纪 40 年代末，研究成功多王联合饲养强群采蜜新技术，首创多用隔蜂板多框风车式分蜜机，发表了一系列论著。1965 年领导中国农业科学院养蜂研究所试验蜂场，于 1967 年创造了一个蜂场平均每群（箱）蜂收取商品蜂蜜 323.5 千克、修造新巢脾 60 张、增殖蜜蜂 5 倍的高额产量。20 世纪 70 年代，主持蜜蜂新品种的选育工作，研究出了适合中国国情的快速、便捷推广蜜蜂良种的新方法——输送卵虫法，即将良种蜂王产的卵和幼虫提供给生产蜂场，由养蜂员自己移虫育王，育成的蜂王自然交配。这种方法推广后在蜜蜂杂种优势利用方面得到广泛应用，显著地提高了蜂产品的产量，1982年被国家科委和国家农委联合授予农业技术推广奖。1985年他的多王联合饲养强群采蜜论文，在第30届国际养蜂大会上交流并被摘要编入大会论文集。1956年春他出席了全国农林水牧先进工作者代表大会。1978年出席全国科学大会，获“在科学技术工作中做出重大贡献的先进工作者”荣誉称号和奖励；1985年被中国科协评为农村科普先进工作者。

龚一飞

龚一飞（1926—　　），福建人，我国当代著名的养蜂学家。创办全国唯一的蜂学系，首次研究成功中华蜜蜂人工授精技术，编著我国第一部高等院校《养蜂学》教材。中国高等农业院校蜂学专业的奠基人，各级养蜂学（协）会的积极组织者。

1944年，龚一飞考取了大学，由于家境困顿，中途从协和大学农学院园艺系辍学，当了一年小学教师以贴补家用。肄业期间，龚一飞师从林青教授学习养蜂，养蜂助学对他来说是一条可取之道。他把10箱蜜蜂养在离校颇远的果园里，终于掌握了驾驭蜂群的技术，而蜂群也给他带来了回报，解决了学费和一家人的吃饭问题。就这样，龚一飞与蜜蜂结下了不解之缘。

1952 年以来，龚一飞在养蜂科研和教学上做了很多工作，包括蜜蜂为农作物授粉、蜂蜜高产技术、蜜蜂病敌害防治技术。蜜蜂生物学、蜜蜂育种新技术等多课题的研究。先后在全国性及地方性刊物上发表学术论文 30 多篇。1982 年，在他主持下，首次研究成功中华蜜蜂人工授精技术，获省科技成果三等奖。1975 年，他编著的《怎样养蜂》一书，理论与丰富的实践经验相结合，先后印刷 6 次，发行 67 万册，对普及养蜂技术起了重要作用。他受农林部教育局委托主编的我国第一部高等农业院校教材《养蜂学》，获 1977~1981 年度全国优秀科技图书奖。他受农业部、教育部委托主编的全国农民职业技术教育教材《养蜂》，前后印刷 5 次。他参加编写、翻译的著作还有《养蜂手册》《副业生产手册》《中国农业百科全书·养蜂卷》《蜜蜂机具学》及世界养蜂名著《蜂箱与蜜蜂》等。

1990 年龚一飞被中国养蜂学会评上我国现代五名养蜂家之一，组织编写《中国农业百科全书·养蜂卷》。1992 年起获国务院专家特殊津贴。

黄文诚

黄文诚（1929—　　），中国现代养蜂家。湖北省江陵县人，1929 年 1 月 1 日出生于北京。中国农业科学院蜜蜂研究所研究员，中国养蜂学会第二、三届理事会副理事长。

黄文诚出生于养蜂世家，自幼受父亲黄子固的熏陶，酷爱养蜂事业。1948 年就读于河北省立北京高级中学时，即参加李林园养蜂场工作。1950 年开始参与并主持编辑《中国养蜂杂志》（后更名为《中国养蜂》），长达40年之久，为推动科学饲养蜜蜂、普及现代养蜂知识、促进中国养蜂业的发展做出了积极贡献。1958年中国农业科学院养蜂研究所成立以后，他曾担任蜜蜂饲养管理研究组组长、蜜蜂育种研究室副主任、饲养管理研究室主任、情报研究室主任、科研处处长、学术委员会主任等职。

1959~1962年期间，负责指导北京郊区养蜂生产，推广蜂王浆生产技术，促进了养蜂业的发展。

1961~1962年主持“蜂群生产王浆和采取蜂毒与蜜蜂采蜜和繁殖的关系”研究项目，研究发现：从春到秋长期生产王浆，消耗饲料较多，蜜蜂增殖（蜂数和蜂子数的增长）比对照减少10%，但产值增加1倍以上。在非主要流蜜期采收蜂毒对蜂群采蜜与繁殖均无不利影响，可为蜂场增加经济收入。该项研究成果打消了蜂场生产王浆的顾虑，使王浆生产技术普及全国。1964年主持“蜂王人工授精技术”的研究，突破了向蜂王生殖道内注入精液时发生外溢的技术难关，85%以上的人工授精蜂王能正常产受精卵。1981~1985年主持“笼蜂饲养技术的研究”研究课题，获中国农业科学院1986年度技术改进一等奖。1988年对浙江省平湖县选育的蜂王浆高产蜂做出了科学评价，并将它介绍到中国各地。他发表了养蜂科技论文30余篇，1987年获中国农业科学院颁发的荣誉编辑证书。主要编著有《养蜂学》（与黄子固合著，科学普及出版社，1957）《养蜂手册》（主编，农业出版社，1975）《蜂蜜酿酒》（农业出版社，1985）；《巢蜜生产技术》（农业出版社，1989）《资源昆虫》（科学出版社，1984）第二节“蜜蜂和蜂产品”，译著有《蜂箱与蜜蜂》（与陈剑星等人合译，农业出版社，1981）《国外养蜂生产概况》（主编，中国农业科学院养蜂研究所，1979）。（引自《中国农业百科全书·养蜂卷》，农业出版社，1993 年 6 月第 1 版，121 ~ 122 页。）

范正友

范正友（1929—　　）中国现代养蜂家、中国农业科学院蜜蜂研究所研究员。四川省万县人。1929 年 3 月 5 日生。1948 年毕业于四川省立万县师范学校，早年从事教育工作，曾任小学校长。1959 年毕业于西南农学院植物保护系，分配到中国农业科学院植物保护研究所工作。1960 年调中国农业科学院养蜂研究所，任蜂保组组长，主持雅氏瓦螨（大蜂螨）生活史及防治方法的研究课题。1962 年调北京市林业科学研究所，继续主持蜂螨研究课题，研制出防治蜂螨专用药物——“敌螨”熏烟剂，并根据蜂螨生物学特性提出“封盖子脾，分群治疗”的综合防治方法。1970 年调回原中国农业科学院养蜂研究所，1975 年研制成功防治蜂螨的另一种新药剂——“灭螨灵”合成熏烟剂。后经改进，获中国农业科学院 1982 年技术改进三等奖。1979—1983 年担任蜂保室主任，主持中国南方茶花蜜源的采集利用和防止蜜蜂茶花中毒的研究。查明了茶花蜜中高含量的低聚糖是蜜蜂中毒的原因，提出分区管理结合药物解毒的防治措施，经大面积推广后，于 1985 年获国家科委科技进步三等奖。1984 年任中国农业科学院养蜂研究所副所长，1986 年任所长，继续主持农业部合同攻关项目——“蜂螨发生规律及有效控制途径的研究”，研制成功“强力”巢房熏蒸杀螨剂，提出了蜂螨由一年“多次性”到“一次性”的防治主张。

积极参与国际学术交流和群众性社会团体的学术活动。1977年任中国养蜂考察组组长，前往罗马尼亚、保加利亚进行养蜂专业考察，对中国蜂产品的开发利用起到了一定的推动作用。1983年参加在匈牙利召开的第29届国际养蜂大会和博览会，并以题为“论蜂螨的发生、传播及其有效控制的生物学基础”的论文进行了学术交流，1985年以中国养蜂学会代表团团长身份，率团出席在日本名古屋召开的第30届国际养蜂大会和博览会。会议结束后，对日本进行了友好访问与学术交流。

发表的主要论文有《论蜂螨的发生、传播及其有效控制的生物学基础》《蜜蜂茶花蜜中毒原因及有效防治措施的研究》《论蜂群“分区管理”技术的生物学基础及其在养蜂生产中的应用》《论“蜂螨一次性防治”的生物学基础及其经济意义》等，还参加了《养蜂手册》（农业出版社，1975）、《养蜂法》（农业出版社，1982）、《养蜂学》（福建科学技术出版社，1981）和《蜜蜂病敌害的诊断及防治》（江西人民出版社，1980）等专著的编写工作。

范正友1984年被聘任为中国农业科学院第二届学术委员会委员，1987年被选为中国农学会第五届理事会理事。1979年当选为中国养蜂学会第一届理事会理事，1984年当选为中国养蜂学会第二届理事会副理事长兼秘书长，1989年继续当选为中国养蜂学会第三届理事会副理事长。

普罗科波维奇

普罗科波维奇 П. И.（Петр Иванович Прокопвич，

1775—1850），俄国养蜂家、教育家，莫斯科农学院通讯院士。1775 年生于切尔尼戈夫一个神父家庭，自 1799 年经营养蜂业起，即开始研究养蜂技术，注意观察各种环境条件下对蜂群生活的影响，经常在《农业报》《自由经济协会学报》等刊物上发表文章。经过多年的悉心研究，1814 年发明了柜式（屉式）蜂箱，随后又自制了巢础和分蜜机。普氏蜂箱像一个立柜，自下而上分为几格，正面留有巢门，背面的箱壁可分层开启；最下层类似现代巢箱，上几层类似继箱，最下层与其他各层之间用带有长孔的木制隔王板分隔开，蜂王限制在最下层产卵，上面各层储蜜。

普罗科波维奇利用他所发明的柜式蜂箱饲养过上千群蜜蜂，但使用的框经常被蜂蜜粘住，而且框从后面抽出、取出和放入都不方便，使它没有得到普遍推广。

1828 年在莫斯科农学会的协助下，普罗科波维奇创办了俄国第一所养蜂学校，在 50 年内培养了 600 多名养蜂技术人员，其中的很多人后来成了俄国养蜂界的骨干。

他十分注意观察天气与蜜源植物开花流蜜之间的关系和越冬期间饲料蜜的消耗情况，收集各种蜂蜜样品和蜜源植物种子，提出了防治幼虫腐臭病的措施，撰写了《论蜜蜂》《论蜂王》《论幼虫腐臭病》《论蜂巢的形状》《论蜂群的管理方法》等大量论文，对俄国养蜂业的发展做出了重大贡献，曾荣获多种奖励。

朗斯特罗什

朗斯特罗什（Lorenzo Lorraine Langstroth，1810—1895），美国著名养蜂家，活框蜂箱的发明者。1810年12月25日生于美国费城。耶鲁大学毕业后，曾任教师和牧师，后因健康和经济状况不佳放弃牧师职务，分别在自己的庭院和费城西部各建了一个蜂场，从事养蜂，进行试验观察。通过试验，他于1851年10月30日绘制了一套活框式蜂箱的图案，并撰文首次提出了“蜂路”的概念。1852年春，制作了一批带活动巢框的蜂箱，同年10月5日此项发明获得了美国专利。活框蜂箱的发明对世界养蜂业的发展产生了巨大的影响，使用这种蜂箱使检查和管理蜂群的技术发生了根本性的变革。此外，他还改进和设计以齿轮做传动机构的分蜜机，从而使当时已经普遍采用活框蜂箱的美国养蜂业迅速发展。

朗斯特罗什是把意大利蜂引入美国的人之一，他将意大利蜂同当时在美国已普遍饲养的欧洲黑蜂的各种形态特征做了细致的比较，充分肯定了意大利蜂的优点，为意大利蜂在美国“定居”做出了贡献。

1853年霍普金斯、布里奇曼公司出版发行了他编写的《朗斯特罗什论蜂箱与蜜蜂——一本养蜂者手册》一书，书中简明而科学地论述了蜜蜂的行为和生理特性，并详细介绍了蜂群的各种饲养管理技术。1857~1875年他3次修改和再版了此书。1889年以来，该书由达旦父子公司多次修订出版，并于1946年改名为《蜂箱与蜜蜂》陆续再版至今。

他生前曾是美国两家主要的养蜂杂志《美国蜜蜂杂志》和《养蜂集锦》

的主要撰稿人，曾任美国养蜂协会理事长。1895 年 10 月 6 日逝世。

由于他对美国养蜂业的开拓性贡献，在逝世后，美国养蜂界为他撰写了墓志铭，称他为“美国养蜂业之父”。1976 年俄亥俄州养蜂工作者协会在他 1858—1885 年的故居前镶嵌了一块铜匾以示纪念。

齐从

齐从（Jan Dzierzon，1811—1906），波兰养蜂家，生于奥波莱省的卢科维茨。齐从 19 岁时以优异成绩毕业于渤里士鲁大学；23 岁时成为一名牧师。幼年时受父亲熏陶，与蜜蜂结下不解之缘，后来把自己的一生奉献给养蜂的艰苦开拓事业，功勋卓著。

齐从在 19 世纪 30 年代后期，试将家中旧法管理的蜂群换入活框饲养，并获得成功。之后发明了莱葛式巢箱，短短数年蜂群发展到 400 群 12 个分场，总场设于后园供他考察研究。

齐从先后发表了大量论著，主要有《养蜂的理论》《齐从氏改良养蜂法》《合理化养蜂》等。他曾主编、出版过《西里西亚养蜂家》杂志。特别是 1845 年发表的齐从学说，揭示了蜜蜂生物学上的 13 条规律，得到了当时其他权威人士的验证和赞誉。其主要内容是：①蜂群在活动期含有蜂王、工蜂和雄蜂三型。②蜂群在正常情况下，蜂王是唯一的完全雌性蜂，专司产卵。③蜂王能随心所欲，产雌、雄性卵。④蜂王与雄蜂交尾受精后，才能产两种不同的卵。⑤蜂王交尾至少离巢一次，在空中进行。⑥交尾时，雄蜂生殖器脱落在蜂王阴部而立即死亡。⑦蜂王交尾受精后，供一生使用，除分蜂或逃遁外，不再离巢。⑧蜂王交尾受精，是将精子储入储精囊内。⑨蜂王卵巢内的卵为雄性卵，当排卵输出时，储精囊口启开排精使卵受精，发育成雌性蜂；否则，则产未受精的雄性卵。⑩处女蜂王一般不产卵；但长期未能交尾的后来也能产雄性卵。⑪蜂王衰老，储精囊精子耗尽；或者伤残失去控制能力，仅能产未受精卵。⑫无王群在缺乏卵、幼虫的情况下，常发现工蜂腹部膨大，产卵零乱，也能育成雄蜂。⑬有受精产卵蜂王蜂群，不会出现工蜂产卵。但是，处女王长期未能交尾，有少数蜂群出现工蜂产卵的现象。

其中蜜蜂具有孤雌生殖的特性，雄蜂是由未受精卵育成，是齐从的首发现。齐从的卓著贡献，当时受到欧洲养蜂界的无比崇敬，德国慕尼黑大学曾授予其名誉博士，奥地利皇、俄皇、瑞典国王都颁发了荣誉勋章。波兰养蜂界称他为“波兰养蜂业之父”，在克卢奇堡和马西茹（Maciejou）建有齐从博物馆；波兰养蜂家协会在克卢奇堡建立了一座齐从纪念碑。

北京第四制药厂乔廷昆 1987 年参加在波兰华沙召开的第 31 届国际养

齐从雕像

齐从纪念邮票

蜂会议时，购有波兰制作的铜质齐从浮雕肖像和两种齐从纪念明信片。同年 9 月，中国蜜蜂育种考察组范正友、黄文诚、刘先蜀等对波兰进行考察访问期间，参观了波兰的齐从纪念馆和齐从博士的故居。这充分说明，波兰人民以多种形式，纪念这位杰出的世界养蜂名人。

赫鲁什卡

赫鲁什卡（Francesco de Hruschka，1813—1888），分蜜机的发明者。1813 年 3 月 12 日生于奥地利维也纳。青年时在奥地利帝国的军队服役，获少校军衔，退役后在意大利威尼斯附近的农庄里从事养蜂，最多时饲养 240 群蜂，自己制造蜂箱和各种蜂具。经过无数次试验，做了许多分离蜂蜜的模型。最初设计出的离心式分蜜器是用两条绳子按相反方向卷在中心轴上，拉动绳子带动蜜脾转动（见分蜜机）。1865 年，他把分蜜器带到了在德国布吕恩（Bruenn）召开的奥地利、德国、匈亚利养蜂家大会上，受到与会者的重视。德国《蜜蜂报》（Bienenzeitung）附图做详细报道。欧洲国家的养蜂者纷纷进行仿造。美国朗斯特罗什看到这篇报道后，在《美国蜜蜂杂志》上撰文做了介绍，他受其启发，也设计制造了新的分蜜机，用齿轮做传动机构。当时美国已经普遍采用活框蜂箱，因而分蜜机很快在美国普及，使养蜂生产发展很快。赫鲁什卡晚年穷困潦倒，1888 年 5 月 11 日逝世于意大利威尼斯自己的农庄。

查尔斯·达旦

达旦（Charles Dadant，1817—1902），美国养蜂企业家，出生于法国香槟亚丁省，自幼爱好农业科学。

1844年在巴黎博览会结识了德博沃依斯，开始将他最初在蜂桶内饲养的蜜蜂放入德博沃依斯有框蜂箱内饲养。19世纪50年代，又接受了朗斯特罗什的活框蜂箱，开始在法国养蜂期刊上系统地介绍郎氏的“蜂路”概念，提倡以活框蜂箱养蜂。

1863年迁居美国伊利诺伊州的哈密尔顿从事养蜂，在那里与儿子共同创建了世界闻名的达旦父子养蜂公司，现代改名为达旦蜂业蜂具公司，迄今已有140多年的历史。移居美国以后，和他的儿子达旦C. P.试验研究了当时美国各种大小不同的巢框和从8框到12框的活框蜂箱，取得了大量试验数据，最终设计了一种大型蜂箱，称为达旦式蜂箱。由于他的努力，使得郎氏的蜂路概念和达旦式蜂箱及其改良型在法国乃至欧洲大部分地区成为标准。时至今日，在欧洲各地达旦式蜂箱仍被广泛采用。

达旦式蜂箱是一种活框蜂箱，有以下几个优点：①比标准蜂箱增加了有效巢脾面积，除了满足蜜蜂产卵的需要外，还可以储存蜂粮，为育虫、越冬准备足够的饲料。②由于巢脾加高，脾距加宽，巢脾上部和两侧均可储蜜，越冬时期蜂团集结在上梁下面取暖，而有蜜的地方无须再采用饲料箱。③早春还可以推迟加继箱。因此，这种蜂箱适合于定地或较少转地饲养的蜂场使用，在世界各国采用程度仅次于十框蜂箱，尤其是在欧洲更加普遍。

达旦父子公司还致力于对养蜂知识的普及。于1921年购买了《美国蜜蜂杂志》版权，并出版养蜂书籍，制造巢础、蜂箱和蜂具，选育蜂种，出售种蜂王。1889年以后，达旦父子公司将《朗斯特罗什论蜂箱与蜜蜂——一本养蜂者手册》多次修订出版，于1946年改名为《蜂箱与蜜蜂》陆续再版至今，这本书对世界养蜂业贡献很大，是近代养蜂业经典著作。

1952年在他逝世50周年之际，法国养蜂界为纪念他对养蜂业的贡献，在他的故居门前镶嵌了达旦故居匾额。

查尔斯·米勒

米勒（Charles C. Miller，1831—1920），美国养蜂家，生于美国宾夕法尼亚州的利戈尼尔。他10岁时不幸父亲逝世，母亲只得携带众姊妹离家出走，米勒不得不自立生活。进入纽约联合大学读书，因经济困难，不得不利用课余时间做工挣钱。由于他勤奋学习，每次考试都名列前茅，为同学们所推崇。大学毕业后，米勒在纽约专门学校任教1年，后到密歇根大学旁听，获医学博士学位。

1856年他到麦伦角医院实习，由于学生时代生活过于劳苦，身体虚弱；同时，他发现医学不为他所好，所以停学。

1861年，妻子赖思小姐在家收捕了一群蜜蜂，米勒兴致勃勃地开始了业余养蜂尝试。1878年他辞职回家，开始以产蜜为目的的专业养蜂。他的蜂群有300～400箱，一人养80群蜂（只有其妻子赖思小姐是其唯一的助手，也无季节工，当时也无目前这样先进的现代化工具），分 4 个分场定地饲养。生产巢蜜，连年稳产，平均每群蜂生产巢蜜 120 余磅（折合约 50 千克）。

米勒养蜂 60 年，注重实际，经验丰富。米勒善于集思广益，采用了齐从的研究成果，运用到自己的养蜂实践中，并加以改进创新。他对养蜂的贡献卓越，主要有以下几个方面：米勒氏巢箱，搬动方便，节省木料；米勒氏狭条巢础育王法；报纸合并法；继箱式饲喂器；米勒氏导王笼；盗蜂布；双群越冬法等。

米勒养蜂高产稳产持续 30 年（在他 50 ~ 80 岁），有其独到的饲养管理方法。在其 80 岁高龄时，将其饲养法及养蜂的一些具体经历写成《米勒氏养蜂法》一书（此书早期名称为：Fifty Years Among the Bees，直译应为《米勒五十年养蜂经验谈》），并于 1911 年出版，受到当时养蜂界的高度评价。1890 年以来，经常撰文发表，后负责罗脱公司出版养蜂报。1894 年负责达滕氏出版的养蜂报问答栏，后将问答汇辑成册，出版了《养蜂一千问答》一书（由冯焕文翻译的《养蜂问答》1929 年上海新学会社出版），对养蜂初学者有很大的指导作用。

1921 年，米勒氏不幸与世长辞，养蜂界十分震惊和悲痛，此后由威斯康星大学惠尔逊教授发起，于 1928 年在该大学养蜂部内创建了“米勒博士养蜂图书馆”，以纪念他在养蜂上的丰功伟绩。到 20 世纪 30 年代初期，该图书馆已收藏养蜂图书 6 000 册，成为美国最大的养蜂图书馆。

鲁特

鲁特（Amos Ives Root， 1839—1923），美国著名现代养蜂家。1839 年

出生于俄亥俄州的一个农场主家庭，原来是一名工人，1865年8月开始养蜂。说起鲁特养蜂，还有一段趣闻。有一天，他正在和工友做工，忽见一群蜜蜂嗡嗡飞至，工友前去捕捉，放入箱内。鲁特氏出钱买来，从此开始了养蜂这项工作。

鲁特初养蜂时，邻舍亲友都劝他不要做这种无利可图的事业，但他却坚持要干下去。鲁特自觉养蜂经验和学识不足，就到书店去买关于养蜂的书籍，回家专心研究。1867年，他养蜂20箱，产蜜1 000磅后又繁殖到35箱，不料越冬损失，只剩11箱。邻舍亲友讥笑地说，这种事业是不能成功的。鲁特并不与人争辩，也不抱怨别人的讥笑，仍然继续研究探索。1869年，他的蜂群发展到48箱，产蜜6 162磅，越冬时一箱也没损失。一些有志养蜂的人都来向他请教。同年，他创办了鲁特公司。

鲁特热心于普及养蜂知识和先进技术，开始养蜂后他经常给《美国蜜蜂杂志》撰稿，后来他创办了《养蜂集锦》杂志，并亲自担任主编，由长子担任主笔。为解答读者提出的各种问题，于1878年出版了《养蜂基础》，经过不断增订，包括了养蜂学各方面技术知识，此书已易名为《养蜂大全》（ABC and XYZ of Bee Culture），行销世界。

鲁特长期致力于研究养蜂管理技术、改革和制造各种蜂具。鲁特提倡使用朗氏10框式蜂箱，并按照这种蜂箱的规格设计制造了隔王板等配套蜂具，形成了一套统一标准的蜂箱用具。1868年在赫鲁什卡发明离心式分蜜器的启发下，设计制造了全金属齿轮传动的两框换面分蜜机。他认识到巢础在养蜂生产中的实用价值，1875 年同机械师沃什伯恩合作，设计制造出双辊巢础机，用该机压制的巢础不但有巢房底，还有巢房壁，其性能超过了同时代的其他同类机器。鲁特公司当时曾大量制造并销售这种巢础机。

鲁特对美国和世界养蜂业发展的最大贡献是，1878 年提出的用纱笼运输不带巢脾蜂群的设想，并经过 4 200 群笼蜂运输的实践，取得了成功。在他的倡导下，逐渐形成了繁殖和饲养笼蜂的生产技术。1918 年鲁特的次子改造巢础机，用电力制造巢础，每年销售数百万张，售蜂王数百只，养蜂 1 200 群，产蜜 26 吨。鲁特在一生中，由养蜂一群到成了养蜂专家，这种不折不挠的精神是值得我们学习借鉴的。

斯诺德格拉斯

斯诺德格拉斯（Robert Evans Snodgrass，1875—1962），英裔美籍昆虫形态学家，蜜蜂解剖学的奠基人。1875 年 7 月 5 日生于密苏里州，1962 年 9 月 4 日逝世。在少年时代就对动物的生活产生浓厚兴趣，15 岁时因公开宣布信仰进化论而被校方开除。他曾参与保护鸟类生存环境的工作，通过自学，开始从事专项性的研究工作，擅长解剖各种动物，1895 年入斯坦福大学主修动物学。毕业后先后在华盛顿州立大学、斯坦福大学任教。1906 年在美国农业部昆虫局的 E.F. 菲利普斯博士的指导下进行蜜蜂的解剖学研究。发表学术论文 100 多篇，关于蜜蜂的学术专著有《蜜蜂的解剖》（1910）、《蜜蜂的解剖与生理学》（1925）、《昆虫形态学原理》（1935）等。1953 年联邦德国埃伯哈德——卡尔大学授予他名誉博士学位。

卡尔·冯·弗里希

卡尔·冯·弗里希（Karl von Frisch，1886—1982），德国著名昆虫学家，昆虫感觉生理和行为生态学创始人。

1886年11月20日生于奥地利维也纳。1905年中学毕业后，进入慕尼黑大学学习动物学。1910年获哲学博士学位，被慕尼黑大学动物研究所聘任为助教，1912年任动物学和比较解剖学副教授。1921年任罗斯托克大学动物研究所教授和所长。之后在波兰布雷斯劳大学（今弗罗茨瓦夫大学）、慕尼黑大学、奥地利格拉茨大学等处任教授，1950年重返慕尼黑动物研究所。在连续担任18年国际蜜蜂研究会副主席后，1962年被选为该会的主席，直到1964年。1982年6月12日逝世。

弗里希从1909年开始研究鱼类的颜色变化，继而研究鱼类和蜜蜂的辨色能力，1919年以后专门从事蜜蜂视觉、嗅觉和信息传递的研究。他否定了过去学者认为蜜蜂只能感知光的强度，不能分辨光的色泽的错误论断，肯定了鱼类和蜜蜂均能分辨光的色泽，并阐明了单个的采集蜂重复采访同一种植物花蜜和花粉的行为机理，即蜜蜂在采访花蜜和花粉的同时接受了该花朵的色泽、形状、香味、滋味的综合刺激，奠定了动物感觉生理学研究的基础。他还发现蜜蜂用一种特有的“舞蹈”作为“语言”向同类表达蜜源的方位和距离。1949年又发现蜜蜂能感知偏振光，可借助太阳辨认方位，因此荣获1973年诺贝尔医学或生理学奖。

弗里希因其对蜜蜂的信息研究而著名。他发现了蜜蜂间存在的一种简单语言，用以传达花蜜的距离及定向。根据他的研究，蜜蜂能够利用舞蹈来传达蜂蜜的所在处：当侦察蜂发现一处蜜源时，它飞回巢就先放出气味，并且在垂直的蜂巢表面上跳舞。基本上分成两种舞步：圆形舞与摇摆舞。圆形舞是表达蜂蜜就在附近，摇摆舞则是传递蜜源与蜂窝距离的讯息，蜜源距离愈远，蜜蜂摆尾的时间愈长，而且在摆尾时发出的嗡嗡声愈久。还没有外出采蜜的蜜蜂确定蜜源的方向和距离后，就能省去摸索的时间和精力，很快地找到蜜源，这是一种有效的沟通方式。一开始很多人都难以相信蜜蜂具有这么奇妙的沟通能力，不过，在生物界争论了十几年后，最终证明他的发现是正确的。

弗里希先后获得伯恩大学（1949）、苏黎世大学（1955）、格拉茨大学（1957）、哈佛大学（1963）、蒂宾根大学（1964）和罗斯托克大学（1969）的名誉博士学位，是许多学术团体和学会的荣誉会员。1960年获奥地利科学与艺术勋章等多种荣誉奖，1974年获联邦德国杰出贡献十字金星勋章和绶带。

卡尔·冯·弗里希先后发表论文170多篇。代表性著作有《蜜蜂的生活》（Aus dem Leben der Bienen，1977，第9版，1983年有中译本）《蜜蜂及其视觉、嗅觉、味觉和语言》（Bee，Their Vision， Chemical，Sensen，and Language，1962年有中译本）《舞蹈的蜜蜂》（1966）《蜜蜂的舞蹈与定向》（Tanzsprache and Qrientierrung der Bienen，1967）《一个生物学家的回忆》（1967）《作为建筑师的动物》（1974，同年出英文版）《十二

个小同屋人》（1979）等。

戴斯

戴斯（Elton James Dyce，1900—1976），加拿大现代养蜂专家。1900 年生于加拿大安大略省，毕业于安大略农学院（现为圭尔夫大学），在麦吉尔大学获硕士学位。1928 ~ 1931 年在美国康奈尔大学攻读博士学位时，在菲利普斯 E.F. 教授指导下，从事蜂蜜发酵和结晶的研究，发明了制作乳酪型微晶蜂蜜的加工技术。获得博士学位后返回安大略农学院任教授。1940~1942 年任美国纽约格鲁顿城的芬格湖蜂蜜联合社经理。嗣后任康奈尔大学养蜂学教授，1966 年退休，被授予荣誉退职教授。为纪念他的业绩，1968 年康奈尔大学建立了戴斯蜜蜂研究室。国际蜜蜂研究会于 1953 年授予他荣誉会员称号，1966 年起他担任该会副主席。

戴斯发明的乳酪型蜂蜜加工方法于 1933 年获加拿大专利，1935 年又获美国专利。他将专利权分别赠给了安大略省和康奈尔大学，用于蜜蜂和蜂蜜的研究。1976 年 2 月 23 日逝世。

塔兰诺夫

塔兰诺夫（Г. Ф. Таранов，1908—1986），苏联蜜蜂生物学家。俄罗斯联邦科学院生物学博士、教授。1927 年进入乌克兰养蜂试验站，毕生从事养蜂科学研究。主要研究蜂群生物学及其在养蜂生产中的应用，如蜂群产生能量的过程、群内温湿度调控、蜂蜡的分泌机制、蜂群春季繁殖、分蜂的控制等。他还组织领导了全国范围的大规模养蜂技术综合研究，在蜜蜂饲养和繁育技术、灰色山地高加索蜂和中俄罗斯蜂的大规模杂交利用、笼蜂生产及应用、多箱体养蜂等方面的研究中取得了一系列成果。

塔兰诺夫毕生发表了400多篇学术论文，撰写了多部著作，其中重要的有《蜂群生物学》《蜜蜂解剖和生理学》《饲料和蜜蜂饲喂》等。《蜂群生物学》被称为养蜂人的必读“圣经”，可见其影响力之深远。

塔兰诺夫在1949~1960年间任《养蜂业》杂志主编。他是国际养蜂工作者协会联合会的荣誉会员，为此，苏联政府高度评价塔兰诺夫在养蜂科研活动中的成就，曾于1954年向他颁发了列宁勋章。

冈田一次

冈田一次（Okada Ichiji，1909—　　），日本现代蜂学家、农业昆虫学家。1909年9月17日生于日本兵库县。1934年毕业于北海道大学理学院动物学系，留校任农学院昆虫教研室助教。1939年在中国，任伪满洲公主岭农事试验场昆虫科技佐。他曾对日本、朝鲜、中国等地的昆虫做过较深入的研究，1948年获农学博士学位。1949年任东京都玉川大学农学院教授，致力于蜜蜂科学研究，对本科生、函授生开设蜜蜂专业课。

1972年任玉川大学农学院院长，1977年开始招收蜂学硕士生。1979年日本玉川大学蜜蜂科学研究所成立，冈田一次为主任教授，招收博士研究生，主编出版《蜜蜂科学》季刊。1982 年 11 月 3 日，日本政府授予三等瑞宝勋章，以表彰他长期从事教学和蜜蜂科学研究的成绩。

1985 年退休，为玉川大学名誉教授。他为开创日本蜜蜂专业和科学研究做出了卓著的贡献，人们给予其“蜜蜂博士”爱称。

他热心蜂学国际交流活动。1965 年曾出席在罗马尼亚布加勒斯特召开的第 20 届国际养蜂会议，并做大会报告。1972~1979 年，冈田一次任国际蜜蜂研究会（IBRA）理事。从 1981 年 9 月起，IBRA 东亚图书分部设在日本玉川大学蜜蜂科学研究所。1985 年在日本名古屋召开的第 30 届国际养蜂会议，冈田一次为组织委员会总干事。

冈田在 1950—1991 年间共发表有关西方蜜蜂生态、蜂蜜、王浆、蜂毒、雄蜂蛹、授粉等论文约 80 篇，有关日本蜜蜂论文约 30 篇。著作有《蜜蜂》（玉川百科，与酒井哲夫合著）《昆虫》（玉川新百科）《蜜蜂的科学》（玉川选书）《蜜蜂》（科学大图鉴）《畜产昆虫学：蜜蜂》（与坂本与市合著）《蜜蜂记》《日本蜜蜂志》等。

哈尔纳日

哈尔纳日（Veceslav Harnaj，1917—1988），罗马尼亚现代养蜂活动家。1917 年 11 月 7 日生。1945 年毕业于布加勒斯特技术学院。1946 年开始在该院任助教，后为讲师、教授；先后任教于建筑学院、军事技术学院、矿业学院、油气地质学院，并曾在地质地理学院任教授副院长。曾任国际多相液体协会主席，美国纽约科学学会会员，意大利那波里文艺、科学和艺术学会荣誉会员。

自幼帮助其父管理蜂群，获得了关于蜜蜂生活的丰富知识。自1957年建立罗马尼亚社会主义共和国养蜂协会起，担任养蜂协会主席达25年。1964年筹建了养蜂综合体，包括养蜂研究所、蜂产品加工厂和养蜂学校。1965年建成了养蜂展览馆。

1965年第20届国际养蜂会议在布加勒斯特召开时，哈尔纳日当选为国际养蜂工作者协会联合会主席，在20年里连任5届。在他的主持下1966年布加勒斯特成立了国际养蜂联合会出版部，以5种文字出版季刊《养蜂动态》和养蜂专著。1971年该出版部扩建为国际养蜂技术和经济研究所。由于他对促进世界养蜂事业发展的贡献，曾获得多种奖励，如意大利共和国金狮勋章、法兰西共和国农业勋章等。1988年10月29日逝世。

二、名人与养蜂

苏东坡与蜂疗养生

苏东坡，北宋文学家、书画家，被后人称为唐宋八大家之一。东坡是嘉祐年间进士，官至礼部尚书。他关心国事，同情人民，但与当权者政见分歧，故历经磨难，四起四落，曾入狱，花甲之年被贬至海南儋州。苏东坡是我国历史上享有盛名的文坛巨匠，他对医学也颇有研究，《苏沈良方》是他与沈括合著的，而且他对养生之道也颇有心得，后人为他编纂了12

卷《东坡养生集》。

①“安州老人食蜜歌”，诗中有“蜜中有药治百疾”字句。②“蜜酒歌并序”，序中说他是向武都山道士学来酿造蜂蜜酒的方法，诗中记述了酿造蜂蜜酒的程序，诗中有“君不见南园采花蜂似雨，天教酿酒醉先生”字句。③“真一酒”，诗中有“蜜蜂又欲醉先生”字句等。

蜂蜜助和药、治百疾皆属蜂疗养生范畴。东坡善于酿造，东坡诗文中蜂蜜酒、真一酒、果酒和药酒（桂酒、天门冬酒）等，皆有记述。他说过：“予饮酒终日，不过五合，天下之不能饮，无在予下者。”他通过慢斟浅酌，抒发胸中浩然之气，并排遣屡遭贬谪的愁怀，所以他形象地把酒喻为“钓诗钩”“扫愁帚”。

上海科学技术出版社2003年点校版《苏沈良方》1 ~ 8卷（图4-1），加拾遗上、下卷，共10卷。第1 ~ 8卷中用蜂蜜和蜡的配方20多处，蜂

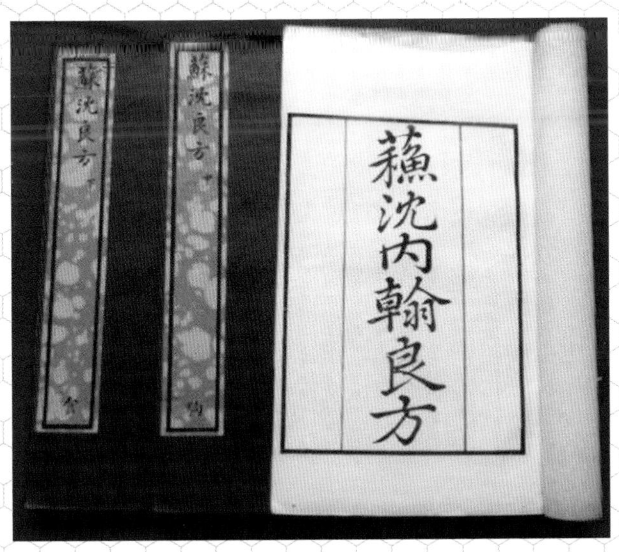

图4-1 《苏沈良方》

蜜中生蜜为丸、炼蜜为丸、和蜜蒸食、蜜汤下和蜜剂外用皆有涉及；拾遗下卷有《问养生》《养生说》《续养生论》《书养生论后》《养生偈》《上张安道养生诀》等多篇精辟的论述。

鲁迅与养蜂

鲁迅之所以对养蜂业有所评述，起因于张天翼的小说《蜜蜂》和曹聚仁的议论文《“蜜蜂”》。20 世纪 30 年代初，年轻的左翼作家张天翼发表了儿童短篇小说《蜜蜂》，写一个养蜂场因蜂多花少，致使蜂群伤害了农民的庄稼，引起群众反抗的故事，以孩童的眼光折射出江南农村严酷的阶级压迫与阶级斗争的现实。《蜜蜂》发表后，现代著名作家曹聚仁在《涛声》第 2 卷第 22 期（1933 年 6 月 10 日）写了《“蜜蜂”》一文，其中说：“张天翼先生写《蜜蜂》的原起，也许由于听到无锡乡村人火烧华绎之蜂群的故事。那是土豪劣绅地痞流氓敲诈不遂的报复举动，和无锡农民全无关系；并且那一回正当苜蓿花开，蜂群采蜜，更有利于农事，农民决不反对的。乡村间的斗争，决不是单纯的劳资斗争，若不仔细分析斗争的成分，也要陷于错误的。希望张天翼先生看了我的话，实际去研究调查一下。”

鲁迅与曹聚仁非泛泛之交，常有书信来往。曹聚仁比鲁迅年少近 20 岁，对鲁迅甚是尊重敬仰，一生得鲁迅书信 40 余封。

鲁迅在看了曹聚仁论文中笔名写的《蜜蜂》一文后，因为对养蜂业有些认知，遂于 1933 年 6 月 17 日在《涛声》第 2 卷第 23 期，以“罗怃”署名，对《“蜜蜂”》进行了评述：

陈思先生：

看了《涛声》上批评《蜜蜂》的文章后，发生了两个意见，要写出来，听听专家的判定。但我不再来辩论，因为《涛声》并不是打这类官司的地方。

村人火烧蜂群，另有缘故，并非阶级斗争的表现，我想，这是可能的。但蜜蜂是否会于虫媒花有害，或去害风媒花呢，我想，这也是可能的。

昆虫有助于虫媒花的受精，非但无害，而且有益，就是极简略的生物学上也都这样说，确是不错的。但这是在常态时候的事。假使蜂多花少，情形可就不同了，蜜蜂为了采粉或者救饥，在一花上，可以有数只甚至十余只一拥而入，因为争，将花瓣弄伤，因为饿，将花心咬掉，听说日本的果园，就有遭了这种伤害的。它飞到风媒花上去，也还是因为饥饿的缘故。这时酿蜜已成次要，它们是吃花粉去了。

所以，我以为倘花的多少，足供蜜蜂的需求，就天下太平，否则，便会“乱动”。譬如蚁是养护蚜虫的，但倘将它们关在一处，又不另给食物，蚁就会将蚜虫吃掉；人是吃米或麦的，然而遇着饥馑，便吃草根树皮了。

中国向来也养蜂，何以并无此弊呢？那是极容易回答的：因为少。近来以养蜂为生财之大道，干这事的愈多。然而中国的蜜价，远逊欧美，与其卖蜜，不如卖蜂。又因报章鼓吹，思养蜂以获利者辈出，故买蜂者也多于买蜜。因这缘故，就使养蜂者的目的，不在于使酿蜜而在于繁殖了。但种植之业，却并不与之俱进，遂成蜂多花少的现象，闹出上述的乱子来了。

总之，中国倘不设法扩张蜂蜜的用途，及同时开辟果园农场之类，而一味出卖蜂种以图目前之利，养蜂事业是不久就要到了绝路的。此信甚希发表，以冀有心者留意也。

专此，顺请

著安

罗怃

6月11日

这封信后来以《“‘蜜蜂’与‘蜜’”》为题收入鲁迅的《南腔北调集》中。

从鲁迅对曹聚仁《“蜜蜂”》的评述中，清楚地反映出鲁迅对于当时养蜂业的认知。

鲁迅知晓蜜蜂授粉对大农业的作用，认为“昆虫有助于虫媒花的受精，非但无害，而且有益，就是极简略的生物学上也都这样说，确是不错的”；鲁迅还了解，“中国的蜜价，远逊欧美，与其卖蜜，不如卖蜂”。唉，原来我国的蜂蜜在国际市场上卖不上价钱从那时就开始了，现在仍是全球最低价。

鲁迅认为，养蜂业依赖于蜜粉源：“又因报章鼓吹，思养蜂以获利者辈出，故买蜂者也多于买蜜。因这缘故，就使养蜂者的目的，不在于使酿蜜而在于使繁殖了。但种植之业，却并不与之俱进，遂成蜂多花少的现象，闹出上述的乱子来了。总之，中国倘不设法扩张蜂蜜的用途，及同时开辟果园农场之类，而一味出卖蜂种以图目前之利，养蜂事业是不久就要到了绝路的。”这里，鲁迅说的“开辟果园农场之类”，是指扩大蜜粉源植物的栽种面积，没有蜜粉源，蜜蜂采什么呢？时至今日，由于大量蜜粉源植物面积的减少，已经严重制约了我国养蜂业的发展，鲁迅先生的警言确有先见之明。

孙中山与养蜂

孙中山是一位伟大的爱国主义者，中国民主革命的先驱，三民主义的倡导者。他一生除革命外，唯一爱好就是读书。他知识渊博，读书范围之广、视野之宽举世罕见。凡政治、外交、军事、法律、经济、医学及矿山开采、农业、畜牧、工程等领域无不涉猎，他在流亡日本期间，还曾仔细阅读并购买养蜂方面的书籍，却鲜为外人所知。

据《孙中山读书生涯》（长江文艺出版社 1997 年 12 月第一版）介绍，孙中山先生于 1915 年 6 月 14 日在东京丸善书店购爱德华《蜜蜂的知识》、里昂《养蜂获利的秘密》、达当特《伦斯特累兹论蜂箱》、鲁特《蜜蜂文化大全》等 4 种养蜂方面的书籍。

由此可见，神奇而又可爱的蜜蜂，也曾吸引了这位手不释卷的伟大革命家。

达尔文

英国生物学家，进化论的奠基人。达尔文有充分理由认为：普通蜜蜂具有“无比高超的建筑才能”，巢脾在节约劳动和用蜡上已达极至，“蜜蜂的成就实际上比大数学家的发现还早”。蜜蜂建筑巢房的本能是“我们所知道的最奇妙的本能”。达尔文又曾说过：“凡曾见过蜜蜂巢房的除非是感觉迟钝的人，莫不惊叹其构造的精巧与实用。我们听到数学家说蜜蜂在实际上已解决了一个深奥的数学问题：它们用最适当的形式，耗费最少量的可贵蜂蜡，造成容蜜量最大的巢房。”

达尔文曾写道：“我惊讶地看到，异花授粉的秧苗长大以后，比自花授粉的秧苗显得特别高大和强壮。蜜蜂不停地光顾这种柳穿鱼的花朵，并把花粉从这朵花带到另一朵花上，如果不让昆虫去采花粉，这些花结籽就极少。”从此，达尔文做了十几年的连续实验，肯定了这一论断符合绝大部分异花授粉植物。他深有感触地说：“大自然最讨厌自花授粉了。”

培根

提出“知识就是力量”的17世纪英国著名唯物主义哲学家弗兰西斯·培根，把人们的治学态度比喻为蜘蛛、蚂蚁、蜜蜂三种。把那种理论联系实际，又能消化理解、融会贯通的人比喻为蜜蜂。蜜蜂的足几乎是万能的劳动工具。

专题五

蜜蜂与人类健康

在古代，能享用到蜂产品是贵族豪贾的特权。在科技发达、保健意识深入人心的今天，蜂产品走入了千家万户，成为老百姓最常用的保健品。蜂产品是蜜蜂的产物，种类多样，按其来源和形成的不同可分为三大类：蜜蜂的采制物，如蜂蜜、蜂花粉、蜂胶等；蜜蜂的分泌物，如蜂王浆、蜂毒、蜂蜡等；蜜蜂自身生长发育各虫态的躯体，如蜜蜂幼虫、蜜蜂蛹等。这一章节将介绍我们生活中最常见的几类蜂产品和各自的使用历史、基本功能。

一、蜂蜜

我国利用蜂产品的记载非常多，殷商时期的甲骨文中就已经有了“蜜”字，说明那时人们已经开始服用蜂蜜。《治病百方》《神农本草经》《千金要方》《本草纲目》《物理小识》《伤寒论》等都有利用蜂产品保健治病的记录。东汉成书的《治病百方》记录了用蜂蜜配置多种丸剂和汤剂的药方。药物学著作《神农本草经》就有“久服蜂蜜，强志轻身，不老延年”的记载。《伤寒论》中有将人参、白术、甘草、干姜四味，捣筛、蜜和为理中丸的方子。通观经方蜜丸，一方面用黏稠的蜂蜜方便做丸，另一方面，可借蜂蜜之甘以增强其补益脾胃之功。《伤寒论》还记录了中国最早利用蜂蜜润肠通便之性制作通便的栓剂：“阳明病，自汗出……此为津液内竭，虽硬不可攻之，当须自欲大便，宜蜜煎导而通之。”这种方法在《本草求真》中解释得更明白：“如仲景治阳明燥结，大便不解，用蜜煎导，乘热纳入谷道，取能通结燥而不伤脾胃也。”

另有麻子仁丸中取蜂蜜，一方面润肠通便，另一方面可以缓和方中大黄的峻下作用。本品味甘质润体滑，既能补益又能润肠通便。气血亏虚、阴虚津枯之便秘均可应用。现代临床试验也证明，蜂蜜具有抗酸、抗胃蛋白酶和促进溃疡愈合的作用，是消化道黏膜保护剂，且具有增强机体免疫力的作用。

蜂蜜（图 5-1）性味甘平、无毒，服用易被胃肠吸收，具有滋养、润燥、止咳、解毒的功能，主要用于肺燥干咳、肠燥便秘，外用可治疗口疮、疮疡、烧伤、烫伤等多种疾病。蜂蜜是公认的具有多种生物活性的天然食品，在医疗上得到广泛应用，尤其在预防和治疗中风、创伤、烧伤、白内障等眼科疾病、溃疡等肠胃疾病方面取得了较好的效果。以往人们认为蜂蜜之所以能够对上述疾病有一定的治疗效果，归因于蜂蜜的抑菌性质。近年来，随着对蜂蜜研究的不断深入，人们发现蜂蜜中存在的大量酚类化合物也起到了一定作用。例如产自西班牙的葵花蜜中含有莰菲醇、槲皮素、柑橘黄素和生松素等，产自新西兰的蜂蜜中检测出了大量的酚类化合物。这些化合物不仅具有抑菌活性，而且具有很强的抗氧化活性。由于蜜源植物种类众多，不同蜂蜜的化学组分不同，其抗氧化能力也存在差异。

图 5-1　蜂蜜

二、蜂胶

蜜蜂在地球上已生存了一亿三千万年，物竞天择，适者生存，为什么小蜜蜂没有被大自然淘汰？因为它有秘密武器——蜂胶。蜂胶（图 5-2）是保护小蜜蜂在地球上生存一亿三千万年的关键物质。

图 5-2　蜂胶

蜂胶是蜜蜂从植物的幼芽或茎干伤口上采集来的树胶或树脂经蜜蜂混入本身的腺体分泌物，形成的具有特殊芳香气味和黏性的胶状物。蜂胶作为蜂产品中的上品，富集动植物之精华，含有 20 大类、300 多种天然成分，其中黄酮类化合物就达 71 种，其成分复杂、配方精妙，科学家称其为“天然的小药库”“20 世纪人类发现的最伟大的天然物质”。

人类认识并利用蜂胶的历史非常悠久。3 000 多年前古埃及人已经有了关于蜂胶的记载，他们用蜂胶制作木乃伊以防尸体腐败；2 000 多年前古希腊科学家亚里士多德在他的《动物史》中记述了蜂胶的来源和它在蜂群中的作用，指出蜂胶“能治疗皮肤病、刀伤和化脓症”；1 000 多年前，阿拉伯医学家伊本·西那在他的《医典》中描述了蜂胶消毒伤口和消肿止痛的神效；500 年前南美印加族人一直把蜂胶当作治疗发热性感染症的药物来使用；第二次世界大战期间和苏联卫国战争期间前线医院药品奇缺，医生用蜂胶制成膏剂治疗创伤，挽救了许多战士的生命。

我们国家对蜂胶的医疗保健作用也是非常重视的。2001 年中国农科院蜜蜂研究所承担了国家科技攻关项目《蜂资源高效利用技术与产业化开发》，重点研究开发蜂胶等产品。蜂胶作为一种极为有效的保健佳品已经得到了全世界的认可。现代研究证明：蜂胶在提高免疫力、辅助降血糖、治疗心脑血管疾病、辅助降血脂、改善肠道功能、抗氧化、治疗皮肤疾病、清咽润喉等方面具有有效的保健治疗效果。蜂胶具有广泛的生物学活性，如抗氧化、抗病原微生物、抗炎症、调节免疫、抗肿瘤、降血糖、降血脂等，能清除体内的有害物质，增强机体的免疫功能，还有助于治疗包括感冒、皮肤病、胃溃疡、烧伤、痔疮、肿瘤、高脂血症及糖尿病等多种疾病。现已广泛用于保健食品、药品、化妆品、日用品等领域。

三、蜂王浆

蜂王浆（图 5–3）曾经救过教皇一命。1954 年，80 岁高龄的罗马天主教皇庇护十二世突患重病，西医用尽各种药物治疗，效果不佳，很多医生都认为教皇已经无药可医了。一位叫盖齐的自然疗法医生知道后建议服用蜂王浆一试，没想到当天晚上教皇就能进食和说话，很快恢复了健康。教

图 5-3　蜂王浆

皇奇迹般转危为安。1957 年，国际养蜂大会在意大利罗马召开，起死回生的罗马教皇亲自参加了世界养蜂大会，并在会上畅谈了服用蜂王浆的神奇体会，他盛赞小蜜蜂是“上帝创造的小生物”。从此蜂王浆的奇特作用，在一向不重视中草药的西方国家引起轰动，并开始风靡世界。

人们发现蜂王浆的保健功效还在于对蜂王的研究。蜂王浆并不是蜂王生产的，而是由工蜂在吃了蜂蜜和花粉后通过王浆腺分泌的用于饲喂蜂王和蜜蜂幼虫的一种高能量活性浆状物，因为蜂王终生只以哺育蜂的这种“贡物”为食，故而得名蜂王浆。蜂王浆让蜂王终身受益，因为蜂王从幼虫时就一直吃王浆，所以她发育成了高贵的蜂王，而其他兄弟姐妹在幼虫期只吃三天的王浆，后面就只能吃到蜂蜜和花粉，结果只有一生劳碌的工蜂命。因为蜂王只吃蜂王浆，所以蜂王的寿命可以长达 5 年，而工蜂吃蜂粮，寿命只有 50 天。我们人类怀胎十月才能生产一个七八斤的孩子（相当于正常人体重的 1/15），还得坐个月子休养一下，而蜂王在夏季生产高峰期每天产卵 2 000 多粒（相当于蜂王的体重），却依然精力充沛。由此可见，蜂王浆营养价值之高，能量转换之快，是其他营养品无法比拟的，是一种全价的纯天然保健食品。

为了达到批量生产蜂王浆的目的，人们利用了工蜂具有只要王台内有幼虫就会去分泌蜂王浆的习性。养蜂人用塑料仿造许多人工仿真王台，并在台内移入 3 日龄以内的蜜蜂幼虫，负责哺育的工蜂看到后误以为又要培育蜂王了，就会主动向王台内泌浆。等吐浆数量积累到一定程度时，养蜂人用专门的工具取出，立即冷冻备用。王浆酸是蜂王浆里的特有物质。由于蜂王浆是一种高活性物质，为了保证其品质，鲜蜂王浆必须冷冻保存。

现代医学证明，蜂王浆在延缓衰老、提高免疫力、缓解疲劳、改善睡眠、抗癌、治疗心脑血管疾病方面都有很好的作用。临床上蜂王浆可用于提高体弱多病者对疾病的抵抗力；用于治疗营养不良和发育迟缓，调节内分泌，治疗月经不调及更年期综合征；作为治疗高血压、高血脂的辅助用药，防治动脉粥样硬化和冠心病；用于促进伤口愈合；作为抗肿瘤辅助用药并用于放、化疗后改善血象、升高白细胞。此外，蜂王浆对一些常见病如风湿性关节炎、胃溃疡、十二指肠溃疡、肝炎、甲状腺机能低下等均有较好疗效。

四、花粉

花粉是被子植物雄蕊花药和裸子植物孢叶的小孢子囊内的小颗粒状物，是植物有性繁殖的雄性配子体。蜂花粉则是从显花植物（粉源植物）花药中采集的花粉，加入花蜜和分泌物，装入工蜂两后足的花粉筐内，混合成不规则扁圆形的花粉团，见图 5-4。蜂花粉和蜂蜜混合后就成为蜂粮，

图 5-4　蜜蜂采集花粉（李建科　摄）

是幼工蜂的主要食物。

中国历史上唯一的女皇帝武则天是一个花粉的超级“粉丝”。《山堂肆考》饮食卷二记载：女皇每逢花朝日，令宫女在御花园中采集百花的花粉，和上米捣碎，然后与醋药水调和后密封起来，再晾制炒干、研成细末、压制成“花粉糕”，不仅自己食用，还赏赐给文武百官食用。所以，这位中国历史上唯一的女皇帝，到了 80 多岁还能精神奕奕地料理朝政，花粉功不可没。蜂花粉被誉为“可以吃的化妆品”，通过服用蜂花粉，可以防治黄褐斑、减少皮肤皱纹，起到保健美容的作用。所谓“梳妆台前一百次，不如一次蜂花粉”就是对花粉美容的有力佐证。

现代研究证明：花粉含有氨基酸、蛋白质、多种维生素、微量元素、核酸等 200 多种营养成分，种类多、含量高，是一种“全价营养源”“高浓缩微型营养库”。花粉的主要功效在于妇女美容、治疗前列腺疾病、抗疲劳增强体力，还有降脂作用。现代研究表明，蜂花粉中含有丰富的营养和生物活性物质，几乎含有人体发育所必需的各种成分。服用蜂花粉有利于调节人体的新陈代谢，改善大脑功能，提高免疫力和身体耐力。花粉作为“体力劳动者的健脑剂、儿童发育的助长剂、可以吃的美容剂和多种疾病的治疗剂”而风靡于世，被誉为“营养桂冠”和“完全食品”。西欧、拉美、日本等地区和国家在20世纪60年代就兴起了花粉热，各种花粉产品不断问世。中国对花粉的现代研究起步较晚，但发展迅速，蜂花粉资源的开发和利用潜力巨大。

五、蜂针

蜂针（图5–5）即蜜蜂用于攻击的螫针。以蜜蜂的螫针代替针灸中使用的钢针进行治疗的方法称为“蜂针疗法”，也叫蜂螫疗法，主要利用了蜂毒的特殊治疗作用。蜜蜂蜇刺穴位后，螫针注入蜂毒起到药疗的作用。蜂毒在蜇刺处会让人有发热发痒的感觉，所以蜂针疗法是集针、药、灸三位于一体的一种治疗方式。

以蜂针螫刺治疗，在中外民间古已有之，有据可考者首推公元前2世纪古罗马医学家盖伦以蜂针止痛的记载；后有查理曼帝国查理大帝用蜂蜇保健，沙皇伊凡四世雷帝以蜂蜇治愈关节炎的史实。到了近代，《维也纳医学周刊》报道奥地利医师菲利普·特尔什实施蜂蜇疗法治疗风湿热的病例。其后有俄国留巴尔斯基、布拉格大学朗格教授、奥地利眼科医生R·特尔什、美国贝克博士及其两位弟子凯里和奥康内尔医师，还有苏联阿尔捷

图 5-5　蜂针

莫夫教授和医学博士约里什等就蜂针和提取蜂毒液的疗效进行了大量的临床实践与学术研究，并进行专题报道或长篇论述，其影响遍及世界各地。

我国蜂针用于医疗在民间流传既久且广，可惜多无文字记载，倒是文艺作品中有所体现。金庸先生是位博学多才的作家，他在《神雕侠侣》中有老顽童利用蜜蜂螫刺治疗蜘蛛毒的一段。1936 年蜂疗大师陈伟发现蜂螫的神奇效用，开始从事蜂针治疗的临床实践和研究，并总结经验撰写了《蜂刺疗法》一书。中国台湾蒋永昌先生在《中国文化的神奇——蜂毒与针灸》一书中汇总了自己 20 多年以蜂针结合针灸治疗疾病 63 种、病例 1 000 多例的成效。连云港市蜂疗医院院长房柱教授创建了我国第一所蜂疗研究所和蜂疗医院，1959 年在中华医学总会出版的《人民保健》杂志发表论文，正式提出蜂疗与中国传统经络学说结合，按经络穴位进行蜂针螫刺或注射蜂针液。这些专家学者长期卓有成效的努力，实现了蜂针疗法与我国古老中医经络学说的完美接轨，成为蜂针治病发展史上重要的里程碑。蜂毒还被制成各种医药制剂用于刮痧、注射等治疗，其对风湿性关节炎、硬皮病、神经痛、腱鞘炎等多种病症有效，不同病症需要施针的穴位、数量不同，所以治疗一定要由专业医生施行，做好过敏试验。蜂毒中有很强生物活性的物质，具有非常显著的生物学作用，它对神经系统、心血管系统、呼吸系统、内分泌系统、免疫系统、机体的炎症及其他的病理过程都有作用，而且这些药理毒理作用是由不同的化学成分产生的。

蜂针疗法在现代医学当中在治疗癌症、硬皮病、艾滋病及美容等领域的应用已经取得一定进展，比如分离提取蜂毒中的有效成分，运用中医蜂疗原理并结合现代生物科技，通过大量科研，研发出的各种制剂。但由于过敏反应等副作用的存在，蜂针疗法未来发展之路依然漫长。

六、蜂蜡

中国使用蜂蜡的历史十分悠久，几乎是和蜂蜜同时发展起来的。蜂蜡（图 5–6）属于传统的中药材，是由工蜂通过腹部的四对蜡腺分泌的一种脂肪性物质。新分泌的蜂蜡是白色的，经过采集加工后一般呈黄色，蜂蜡富含酯类、游离酸类、游离醇类、芳香族物质等成分，气味怡人，内服外用皆可治病。

在 2000 年前的汉代蜂蜡已被人们作为药用。我国现存最早的秦汉时期的中药学专著《神农本草经》将蜜蜡列为医药“上品”。在北宋药学家唐慎微著录的《重修政和经史类证备用本草》中就有记载唐代诗人刘禹锡

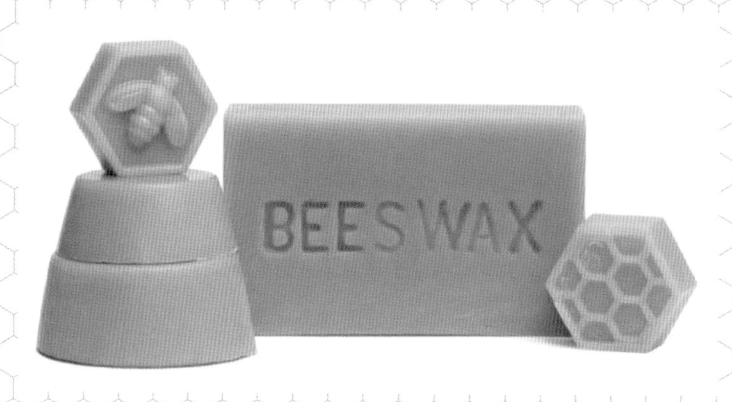

图 5-6　蜂蜡

用蜂蜡治病的详细方法。明代药学著作《本草纲目》中评价："蜜成于蜡，而万物之至味，莫甘于蜜，莫淡于蜡，得非厚于此必薄于彼耶？蜜之气味俱厚，属平阴也，故养脾；蜡之气味俱薄，属平阳也，故养胃。厚者味甘，而性缓质柔，故润脏腑；薄者味淡，而性啬质坚，故止泻痢。张仲景治痢有调气饮，《千金方》治痢有胶蜡汤，其效甚捷，盖有见于此欤。"

蜂蜡在医疗保健上主要用于理疗、药品、内服、外用的润滑剂等，将其制成各种软膏、乳剂、栓剂，可用来治疗溃疡、疖、烧伤和创伤等多种疾病。纯蜂蜡是一味中药，可与其他中药成分配伍后制成中药丸内服，也可以直接和食物煎服。蜂蜡炒鸡蛋是人们食用蜂蜡的常用方式，服后可很好地治疗支气管炎、慢性支气管炎和各种痨疾。咀嚼蜂蜡能增强呼吸道免疫力，能治疗鼻炎、咽峡炎、上颌窦炎、鼻旁窦黏膜炎及干草热病。蜂蜡与碳酸钙、矿物油和纯松脂混合而成的化合物可以治疗慢性乳腺炎、湿疹、烧伤、创伤、癣、皮炎、脓肿乳头状瘤。将蜂蜡制成清凉压布软膏敷贴患部，可治疗闭塞性动脉内膜炎、牙周炎和痉挛性结肠炎。

除此以外，蜂蜡还用在人类生活的其他方面。公元前 2050 至前 1950 年小亚细亚的亚述王国在萨尔贡一世时期即开始将尸体涂以蜂蜡，然后浸在蜂蜜里保存。中国把蜂蜡用于生活中的历史也毫不逊色。蜡烛早就出现在《周礼·秋官·司烜氏》里，有“共坟烛庭燎”的记载。西汉时期岭南即制作蜡烛。晋人葛洪在《西京杂记》（340 年左右）中讲：“南越王献汉高帝石蜜五斛，蜜烛二百枚……高帝大悦。”蜂蜡可作为燃料用，《晋书·石崇传》：“恺以饴澳釜，崇以蜡代薪。”

蜜蜡用于民间印染可从汉开始，古称“蜡缬”，现称“蜡染”。西晋已能将混合的蜜蜡分开提炼，分别利用。用蜂蜡制作蜜印（蜜章）、蜜空、蜜展和工艺品蜡风。所谓“蜜玺”，《晋宋节故·蜜章》：“武帝泰始四年（268 年），文明王皇后崩，将合葬，开崇阳陵。使太尉司马望奉祭，进皇帝蜜玺绶于便房神坐。”

唐朝蜂产品的加工技术突破了历代窠臼，特别是拓宽了蜂蜡利用范围，官宦豪门也常利用蜂蜡。陕西永泰公主及章怀太子墓的基道上，都有侍女秉烛而行的壁画。唐诗中也有大量描写蜡烛的诗句。贾公彦还记载了“以苇为中心，以布缠之；饴蜜灌之”的制烛方法。此外，还利用蜂蜡藏书、印染和做丸药包衣。蜡诏、蜡书、蜡丸亦为唐代使用，蜡缬布亦颇盛行。顾况《采蜡一章》描写了采蜜人攀登危崖割取蜜蜡的情景。用蜂蜡封藏诏书（《资治通鉴》）272 卷，后唐同光元年（923 年）：“梁主登建国楼，面择亲信厚赐之，使衣野服，赍蜡诏，促段凝军。”女真族向宋朝进贡蜜蜡，《契丹国志》卷 22：“自意相率赍金、帛布、黄蜡、天南星、人参、白附子、松子、蜜等诸物入贡。”

到了近代，蜂蜡应用得更加广泛。电子机械、光学仪器上主要用于制作绝缘蜡布、固定电子元件，以及做金属的防锈、防腐剂。光学上用作胶条蜡、抛光蜡、刻度蜡的原料。在医药、化妆品制造业、食品工业上，主要用于制造牙科铸造蜡、基托蜡、粘蜡、丸药包衣、外用药和日用化妆品，以及食品的涂料、包装盒外衣等。在农业、畜牧业上可制作果树接木蜡和害虫黏着剂。在养蜂业上可制造巢础、蜡碗。在纺织印染上，可作蜡线和丝织衣机上的通线，以及用于制蜡染花、防雨布等。此外，蜂蜡也可以用于乐器、玉器、陶瓷器的黏合剂，木器和玉器成品的上光剂。用蜂蜡做原料还可以制造蜡烛、蜡纸、蜡笔、油墨等。其中蜂蜡在化妆品制造业、蜡烛生产和养蜂业上的使用量较大。

专题六

蜜蜂精神

全世界的昆虫，人类赞美最多的，恐怕非蜜蜂莫属。蜜蜂在大自然中以其轻巧的身材、优美的舞姿穿梭于五彩斑斓的花间，给大自然带来无限生机；它们更是以顽强英勇、孜孜不倦、团结无私的精神，感动着熟悉它们品格的人们。就像作家秦牧所言："我们尽可把蜜蜂人格化，为它献上一顶桂冠。"

一、辛勤劳作

图 6-1　蜜蜂采蜜（李建科　摄）

列宁说过："蜜蜂终日繁忙，辛勤地来往在蜂巢与蜜粉源之间，是从不浪费点滴时间的劳动者，是可靠的向导。"列宁这段热情赞扬和精辟分析，总结了蜜蜂的劳动特点，道出了蜜蜂的时间观。

确实如此，每一只蜜蜂自羽化成蜂挣扎着从发育巢孔中爬出起，就开始了一生辛勤的劳作。它们根据群体需要并结合自然条件及自身发育状况，每时每刻都在紧张操持着力所能及的事项，从不偷懒耍滑。蜜蜂的时间观念特别强，早出晚归争分夺秒，时刻表总是安排得紧紧的。

尤其在蜜粉采收季节，蜂群中全体成员齐发动，集中所有力量搞会战，白天采集花粉花蜜，晚间酿造蜂蜜筑造库房，分工合作协同作战，昼夜繁忙，见图 6–1。蜂群白天绝大部分时间在外操劳，巢内停顿时间极其短暂。观察研究证实，流蜜期蜜蜂出巢采集一个来回一般需要耗时 24 ~ 40 分，最长的 1 小时左右；返回后在巢内仅停留 4 ~ 7 分。在这短短几分钟内，既要完成卸载任务，还得补充所需营养，同时必须了解掌握有关信息。试想，还能有多少歇息时间？卸载是它们返巢的主要目的，需要选择一个库房或某只接应蜂将本次劳动所获倾囊卸下，以便空出囊篮再次出巢使用。养蜂人形容说：采集蜂回巢后并不轻松，它们在忙着卸载、进食的同时，还得神听细侃，可谓边干、边吃、边聊，每根神经都绷得紧紧的，全身上下齐动作，并无空闲之时。

一天中每只采集蜂一般采集 10 ~ 25 个来回，最多可达 40 个来回。我们取其一般数的平均值来计算，可确认每日出巢 18 次，每次耗时 32 分；那么每天野外操作就达 576 分，折合 9.6 小时，仅此一项就比我们国家规定的 8 小时工作制高出 20%，如果再加上卸载耗去的时间，每日用于采收的时间就得 11 ~ 12 个小时。

更何况，蜜蜂白天采集收获花蜜花粉等原材料，夜间还得加工制作成成品储存起来。蜂群中尽管分工比较明确，可合作也是默契协调的。尤其在采收繁忙季节，全体成员齐发动同上阵，外勤蜂忙于巢外采集，内勤蜂忙于巢内接收，白天的精力主要用于收获，只有夜间才能抽出空来进行酿造加工。酿造蜂蜜是一道复杂的物理转化过程，操作难度大，工艺要求高，需要内、外勤蜂齐努力，方能将蜂巢干燥度控制到所需范围内，将成分比较单一的花蜜加工转化成营养丰富、味美质纯的高能食品及大众医药品——蜂蜜。这是一项高强度的系统工程，难度之大、精度之高、付出的艰辛之巨，并不比采集原料差多少。采花酿蜜付出的劳动相当艰巨，有人断言：每采集 1 千克蜂蜜，需要飞行的路程可绕地球转十几周。

一个中等蜂群每年自食蜂蜜 70 ～ 80 千克，而它们的产量却远远不止这个数字，有关报刊也有“单产 1 000 千克”的报道。如果真有那么高的产量，起码得要采集 2 ～ 4 吨花蜜做原料。搬运如此大的重量，对能驮善驾的骡马大牲畜来说已不怎么容易，对于载重量以毫克计算的小蜜蜂来说，可真称得上是天文数字了。以小小蜜囊、薄薄的翅片争创到如此业绩，实乃艰辛劳作的结果，采收这么多的花蜜，仅负载行程就能围绕地球转几万圈。

即使劳动收获被全部猎取出巢，饲料没了，库房空了，巢孔一定程度被毁坏，幼虫也被甩出一些，蜜蜂也没有丝毫沮丧哀怨，并没因此减缓劳动节奏，反而越发勤奋肯干。它们腾出一小部分内勤蜂负责清理巢房（修复巢孔、清除残蜜），绝大部分兵力依旧坚持采集、精于酿造，照常早出晚归忙个不停。清理工作至多不过 2 小时即告结束，生产、生活秩序很快步入正常。经过三五天的努力，蜂巢中又会出现库房爆满、蜜仓封盖的现象。养蜂人也就又该再次取蜜了。蜜蜂就是如此重复不断，一次又一次、一遍又一遍地向人们奉献着芳香与甘甜。

在储备饲料方面，蜜蜂从来不会满足，纵然蜂巢内蜂蜜封盖花粉压仓、库房爆满，现存饲料足够今后子孙数代受用不尽，也绝不息鼓罢战、撒手停工，而是依旧巧干加实干、劳作不休。它们抓住可以利用的一切自然因素，珍惜可供发挥的分秒光阴，不畏苦、不怯难，施展全部技能，总是尽可能多地创造财富，力求保证群体繁荣殷实，使之顺利度过一个又一个灾荒并不断发展壮大。

蜜蜂勤奋肯干、追求不止的精神，不仅有利于群体本身，甚至对人的教益也很大，深深感化教育帮助了一大批有心人，使他们逐渐走出沼泽，走向成熟和成功。养蜂战线上就有不少养蜂人被小蜜蜂的高尚行为所感动，并以此转变了人生航标，有的由懦弱变得坚强，有的从懒惰转向勤快，还有的从孤独中解脱出来转变为热爱集体、关怀他人的热心人。他们养蜜蜂、爱蜜蜂、学习蜜蜂，在养蜂实践中做出优异成绩。养蜂生活十分艰苦，部分养蜂人面对很好的谋生门路却不改行，他们舍不下这些可爱的小生灵，把其作为朋友、宠物来对待，还有的当作师尊来崇拜，学习蜜蜂的维护集体、顽强勇敢、勤奋上进……

二、无私奉献

蜜蜂王国奉行“收获归公，按需所取”的分配原则，每一位成员必须将自己劳动所获毫无保留地交归公众，奉献给所在的群体，见图 6–2；同时，自身所需要的给养等一切生活必需品再按时按量从群体中取用。以食品为例，采集蜂在鲜花上采回花粉、花蜜等，回巢来悉数交付给酿造蜂去加工处理，成熟后再由内勤蜂统一储存于子脾外围及空巢脾的蜡质巢孔内，供本群所有成员共同享受，所有权、支配权统归蜜蜂大众，任何一位成员只有按需适量分享的权利，需要多少就取多少，丝毫不能多吃多占，更不能随意挥霍浪费，包括那些历尽千辛万苦的采收者和酿造者也是如此，没有什么特权可享。

图 6-2 蜜蜂辛勤劳作

尽管在采集过程中每一只蜜蜂就是一个独立的工作单位，在花丛中你采你的花粉我采我的花蜜，彼此毫不相干，相互并无牵涉，但回到蜂巢内情况可就不同了，既友好，也大方，更慷慨，彼此相互拥有，真诚和睦相处，你的也是我的，我的也是你的，我采回的蜂蜜咱们大家可以共食，你汲回的水分咱们大家可以同饮。大家的劳动成果汇总到一起，再由大家统一支配，不管你是干什么的，只要是本群成员之一，就有权按需分享一份。正常情况下，大家都在自觉自愿积极主动履行各自职责，只有体质强弱分工不同，没有偷懒耍滑、投机取巧，彼此尽心竭力、刻苦认真，为着一个共同目标忘我奋斗着。

一个蜂群就是一个小社会，吃、喝、住、行，祛病、抗灾，大小粗细一应事务比比皆是，每一位成员都在忙忙活活、紧紧张张地操劳着。以"吃"的而言，蜂蜜、花粉、王浆、水、盐等，缺一不可。主要靠分工采集的外勤蜂到自然界中去分头采集，并且得要供应充足、及时，稍有短缺或迟缓，必定给整个群体生存带来危机。采集蜂是自觉自愿主动出征的，没有命令，无须安排，更不是强迫硬逼，完全是一种义举，一种适应群体需要的积极行为。每当蜜粉源开花，采集蜂总是勤勤恳恳地奔波于群体、花源之间，风天雨日无所惧，路途遥远也不愁，纵然累得疲惫不堪、身伤体残也毫无怨言。采集蜂每到鲜花丛中便忙个口足不停，一朵一朵地采访，一点一点地积累，将全部劳动所获吸入蜜囊或盛入花粉篮。力求尽可能多地收获一些，尽最大努力去满足群体需要。它们每出巢一次起码要飞行十几至几十千米，蜜粉源较少时甚至要飞行近100千米，需得采访上千朵鲜花才能将蜜囊或花粉篮装满。说起来容易，真干起来可就难了，数十上百千米的路程，不用说是如此小的一只昆虫，就是现代以高速快捷著称的小汽车也需行程一小时，更何况还得边飞边采（采收是目的，飞行是手段），在几十分钟的时间里完成如此大的工作量，尤其以百八十毫克身体载运80毫克左右花蜜，载重量与体重基本相等，还得凌空腾飞、展翅翱翔，不能不算是一个奇迹。

蜜蜂载重凯旋时，似乎将艰辛与劳累抛之九霄云外，尽管步履维艰、低头拖腹而行，也显得精神愉快、情绪高涨，本分地通过警卫蜂例行的进巢检查，便急匆匆鱼贯而入。没有因得胜归来忘乎所以，没有荣归故里的妄自尊大，不邀功，不请赏，更不炫耀咋呼，而是稳稳重重、行迹匆匆，忙不迭地寻找空巢房或接应蜂，将自己的劳动所获倾囊献出，不打折扣，不搞玄虚，有多少就奉献多少，把蜜囊及花粉篮控得干干净净，无私无悔，丝毫不考虑留作自用。卸载完的采集蜂，在巢内稍事休息后便再次外出创收，整日忙忙碌碌、紧紧张张地劳作着，来来回回，往往返返，忙个不停。所以说，采集蜂采进蜂巢的花蜜、花粉等一应食物，是对群体的无偿奉献，它们栉风沐雨、拼死拼活地去采收尽可能多的食物，主要是为了蜂群整体利益，作为自身只有尽心竭力、任劳任怨去干的义务，并没有贪图享乐、安逸的奢望。要知道，蜜蜂尽管不讲究自身享受和得失，但对群体利益的追求却异常强烈。

劳动归公似乎是天经地义的事，那么“按需所取”又是不是任意随便呢？有没有什么“原则”可遵？回答是肯定的。所谓“所取”的原则，那就是“按需”，所有消费者必须根据整个群体繁殖、生产需要，并结合自身生存、生理状况合理、适量地取食，每一只蜜蜂在需要时均可向饲喂蜂或直接从巢房内任意领取所需要的任何一种食品，正常情况下没有什么限制，以满足需要为准。不同日龄蜜蜂食用不同食品，小幼蜂处于成长阶段，以食用富含蛋白质、维生素的花粉为主，有助骨骼形成和器官发育成熟；成龄蜂主要食用蜂蜜，它们的能量消耗较大，需要高能高热食物；水是蜜蜂新陈代谢过程中的重要媒介，随时都得保证供应；蜜蜂体液中的矿物质靠盐分来补充，万万不可缺少；蜂王为群中之“王”，其“御膳”为蜂王浆，是工蜂营养腺分泌物。概括起来说，内勤蜂食品结构比较精细、复杂，以花粉为主，另外还得食用一点蜂蜜什么的；而外勤蜂食物品种相应简单一些，只要有蜂蜜就基本可以解决问题。

固然，采胶蜂、采粉蜂、采水蜂以及警卫蜂等诸多工种的蜜蜂是食用蜂蜜的，只是食量较小，厉行节约，勤俭行事，从不大手大脚、铺张浪费，更不无为消耗、豪食爆饮，甚至自身消费也都计算得紧紧的，需要多少就取食多少，无论巢内储存有多么多的食物，亦不改变这种传统。蜂群内实行“分餐制”，平时，由内勤蜂中的饲喂蜂根据不同工种及工作量不定期地“分发”食品，内勤蜂及工作量较轻者，食用量甚少，出巢采胶、采粉的适量多食用一点，以满足在巢外飞行四五十分钟的消耗量为度，不可过多索取，也不可过分减少。要知道我们说不能过多取食，完全是蜜蜂自我控制调节的结果，并非已经食饱或肚囊内再也装不下的缘故。蜜蜂的蜜囊相当大，足可盛得下八九十毫克蜂蜜，但是它们并不吃饱喝足，只是以满足工作期间消耗为基准，在出巢前食用那么一点点，保证本次出巢劳作不致饿肚即可。研究证实，每次出征前采集蜂一般食用 4 毫克左右的蜂蜜，转化成能量后足够在野外飞行 100 千米，这正是采集蜂野外操作最大工作极限，再少了就有能源耗尽返不回蜂巢的可能。再多也没有那个必要，故算得上充足适量、恰到好处。

三、勇敢顽强

每一群蜜蜂都是一个独立的王国，各国的臣民尽忠于各自的国家，个心全意为王国的生存发展大计效力，向着一个共同目标奋进，风雨同舟、生死与共，见图 6–3。

外界有蜜粉源开花或各群饲料充足时，群与群之间毫无相干、互不影响地过着平静殷实的日子，并没什么纠葛；一旦外界蜜粉源不景气或蜂群内饲料不足时，蜂场内也就战事四起、硝烟弥漫起来，轻者只是局部争斗，严重时则全场发生混战。

战争起自某些实力较强的蜂群。外界缺乏蜜粉源时，强群中大量有生力量闲置在巢内无事可干，便派出相当数量的侦察蜂外出寻找蜜粉源，

图 6-3　顽强的蜂群

当费尽心机寻遍田野毫无收获时，即把注意力集中到本蜂场或邻近蜂场中的其他蜂群。为了丰富本群的饲料库，它们不惜铤而走险去侵略一些力量薄弱却拥有一定饲料的蜂群，目的是将对方的饲料掠为己有。这里所说的“己”，不是指某一只或某部分蜜蜂而是指整个群体，因为参与掠夺活动的不仅仅是一只或几只，往往是一群对另一群的规模行动。

弱群中的饲料着实来之不易，是历尽艰辛采集积累所得，被视为能源之本和生命希望来善加保存，厉行节约省吃俭用，从不舍得多食一点。然而，豪霸列强是不可能理会弱者的良苦用心的，为了满足本群的需要，只要有机可乘，绝不心慈手软。

当然，入侵者也不可能肆无忌惮、为所欲为，它们面临的尽管是力寡势单的弱小对手，可毕竟是一个众志成城的群体，并不敢贸然行事。担任侦察任务的盗蜂，充当了发动战争的急先锋，它们瞅准某一警备力量较差的群体，伺机而动。

不难想象，盗群与被盗群的力量明显悬殊，盗群动用了最难对付的老龄军团，以雄厚的实力将被盗群团团包围起来，把巢门列为主攻目标，多数萦绕在巢门附近，步步推进，咄咄逼人，乃至短兵相接，展开交手战，将对方的防守力量牢牢牵制在巢门口。同时，抽出一部分兵力环绕被盗群四周，肆意寻找可被利用的缝隙，一旦蜂箱破旧，只要发现一个直径只有5～6毫米的小孔隙，也将其视作战略要道，从此乘虚而入，直捣对方蜂巢的中心，使对方两面受敌，首尾不能相顾。

强敌压境大敌当前，被盗群中的情形又如何呢？面对盗蜂的强大攻势，被盗群本来就虚弱的力量遭到巨大威胁或重创，在这严峻形势下，不外乎以下三种抉择：一是全力抵抗，大打保家护国守卫战，坚决拒敌于门外，以部分生命和鲜血换取群体的安全；二是奋起抗战却又力不能及，最后落个鱼死网破、集体殉国；三是能抵则抵，抵不过时便采取“三十六计走为上策”的灵活战术，全群蜜蜂可劲吸满蜜囊，携带足够的饲料，来个整体大搬迁，留下一座空城任凭盗贼去占领，使其费力不小却收获了了。这种“避其锋，保实力”的战略战术，部分中蜂群有时选用，在强敌压境、取胜无望的情况下采用如此一招，并不能说其失策，细究起来也算是高明之举。但是，绝大多数蜂种在遭到侵犯时，往往采用第一、第二种抉择，全群同仇敌忾、奋勇杀敌，誓死保家卫国，宁愿玉石俱焚，决不苟且偷安。

蜂群在与同类的斗争中表现出的勇敢顽强的精神，在与大胡蜂、蟾蜍、老鼠、蚂蚁、刺猬等不同物种的斗争中发挥得更加淋漓尽致。胡蜂是蜜蜂的头号天敌，数量多，体型大，1 只足有 20 只蜜蜂重，生性凶狠，大颚锋利，行动雄健，再加上又厚又坚固的“盔甲”做掩护，在蜂群中可谓打遍天下无敌手。大胡蜂时常守候在蜂巢门口或蜂群的飞行集中区，专门捕捉那些蜜囊中有存蜜的采集蜂，将蜜蜂腹腔咬破，掏出蜜囊吸食蜜汁，几分钟内可致上百只蜜蜂身首分离而死。因此，在大胡蜂出没期，蜂群处于高度戒备中，警卫蜂分拨出相当一部分力量组成“防暴队”，密切注意大胡蜂的举动，严阵以待，准备迎敌。如果大胡蜂来犯，蜂群也绝对不甘示弱。虽然损失惨重，但会有越来越多的蜜蜂投入战斗。它们聚集成一个蜂球，将大胡蜂围个水泄不通，使之透不过气、看不准物，大胡蜂就不得不动用螯针对付蜜蜂，这下就把“盔甲”下的要害处暴露出来。蜜蜂瞅准时机，准确螯入，蜂毒很快就会使大胡蜂中毒身亡。

蜜蜂顽强拼搏，抗争到底，对敌害是这样，对自然现象也是如此。只要气温适宜，即便刮着四五级的大风也不影响蜜蜂外出采蜜。它们勇敢顽强的韧劲带给了人类无限的感动和启示。

四、分工协作

按工作属性进行分类，人们习惯将蜜蜂王国中的劳动力量划分为内勤、外勤两大集团军。内勤即内务部队或留守大军，负责王国的内政及后勤事务，它们的战场在巢内，活动范围较小，却事务繁杂，工种众多，兵员占全员的三分之二，包揽蜂巢内所有工作。哺育幼仔的哺育蜂；服侍蜂王的侍从蜂；酿造蜂蜜的酿蜜蜂；打扫卫生的清洁蜂；把守巢门的警卫蜂；筑

图 6-4　蜜蜂分工协作示意图

造巢房的筑巢蜂；恒定温度的保温蜂……每一个工种都有不同数量的兵员，尽管数量不定并且随时调换，却各负有特殊使命，就像一支支特种部队。为了更好地完成任务，每支特种部队又分为诸多的行动支队，例如酿蜜部队就分为酿蜜、接应、扇风等数支独当一面的行动支队，各支队向着一个共同目标在努力，各有侧重又精诚协作，总是圆满完成所负任务，保证了蜜蜂王国的和谐安定、繁荣殷实、蒸蒸日上，见图 6-4。

各个工种的蜜蜂只是分工不同，所起作用各异，但在群体中所处地位、存在价值和分享权利完全一致。它们尽管各干一摊，各自分管分内的事情，某些活计从表面上看好像无关紧要，相互之间仿佛没有什么直接关系，实际上，各道工序之间有着密切的内在联系，每一项活动都关系到整个群体的生活和生产大局。

如此众多的蜜蜂又是如何确定工种并进行分工的呢？这是诸多蜜蜂爱好者普遍关心的一个问题。

原来，各项工种的分工是以群体需要为基础，结合每只蜜蜂自身发育状况自行结合的。以前做过介绍，蜂群中所有成员的一切行动及每时每刻，都在围绕着群体需要这一中心进行运转：繁殖期间以哺育幼仔、培养后备力量为重点，产卵、育虫、恒温、扩巢等各个工序的各路兵种随即形成；蜜粉源开花期，以创收为核心，马上组成采集、接应、酿造等相关的队伍；越冬期间，寒冷是主要威胁，全体蜜蜂立即构成一个抗寒增温联盟，依靠不断运动、相互摩擦产生热量，共同来抵御严寒、保存实力。工种在不断变化，兵员也在随时流动，既无固定模式，也无固定员工。各个工种兵力的配备同样取决于群体需要及当时的核心任务，不可多也不能少，工作量与战斗力必须相适应，不致因为过量或不足而加大消耗或影响任务完成。蜜蜂就像知晓这样一个道理：有时蜂群中大批战斗力无仗可打，它们宁可以逸待劳、坐等战机，也不随意扩大某些工种的“编制”。

由此可以看出，各个工种间的兵员数量没有固定限额，只是以当时工作重点为基轴，结合紧缓轻重量情而定，其法则是：顾大局，保重点，量力行，须精简，有紧缓，巧变换。平时，视各个工种的紧缓程度配置相适应的力量，数额多少以到岗成员全体能量的总和与工作量持平为准，不会事多员少干不过来影响大局，也不会冗员怠工导致无谓消耗，就像谙知力不能及与冗员怠工同样危害整体发展似的，总是恰到好处地处理好工作量与战斗力的配比关系，讲求量力而行、力所能及。

蜂群中的分工不是“一次分配定终身”，而是根据出生日龄及器官发育状况结合中心任务在不断“调动”，只是它们的调动不需要办理任何手续，没有关卡和被动行为，实际上是每一只蜜蜂依据自身能力及整体现状对所从事工作的一种科学选择。刚刚出房的当日龄幼蜂处于童稚阶段，骨骼身架比较软，各种器官发育尚不健全，对蜂群环境还很陌生，需要进一步发育身体，熟悉情况，学习本领。然而，就是这些初涉世理的小幼蜂也不甘只吃或用，无所事事，而是发挥活泼爱动的特点顺应保温工作要求，四处游走，不停运动，以此产生热量来提高巢温。它们来到这个大千世界的当天就加入到内勤大军保温支队中，以娇嫩之躯为群体增添温暖。

蜜蜂一旦由内勤转为外勤从事野外工作，工种发生了变化，身体状况也在发生着变化，蜜囊、花粉篮等巢外采集所需的器官异常发达起来，巢内工作必需的各种腺体却很快萎缩失去作用。正常情况下，25 日龄处于中壮年期的蜜蜂其蜡腺和营养腺基本退化殆尽，这就意味着它们已失去泌蜡造脾、吐浆哺育虫的功能，从此只能奔驰野外，以采集为终生职业。

蜂群中的分工就是这样严明，多大日龄的蜜蜂从事什么样的工种已成定局。这不仅仅是个时间概念，更主要的是质的变化，因为其身体素质随着工种的改变而变化，从本质上去适应工作需要，确切标注了分工的可靠性与科学性。

五、高度民主

蜂王是蜜蜂王国中唯一生殖器官健全的雌性蜂，承担着繁衍后代的任务，是整个王国中所有成员的母亲。鉴于其独特的作用及长辈地位，得到了众蜜蜂的尊崇和爱戴，自古被称之为蜂王，至今仍被人们沿用（部分教科书改称为母蜂或雌蜂）。既然称之为蜂王，必定有其做“王”之道。王者，君主、首领，统治者也。

但是，蜂王并没有发号施令的权力，蜂群中一切重大活动完全由蜜蜂大众（包括蜂王）来共同决定，在很多问题上蜂王只是大众旨意的执行者，或者说是一名承担着特种任务的普通劳动者。尽管其作用重要，生活上也得到优厚待遇，这些都是源自整体工作的需要，在权力行使及政治地位上与其他普通工蜂并无明显区别。蜂王与工蜂之间，只是分工的不同，并没有贵贱之分。在王国治理及重大事件决策上，蜂众是主宰者，蜂王只是参与或执行者之一，与其他蜜蜂并没什么两样，见图 6-5。

图 6-5　民主的蜂群

从一定意义上讲，蜂王的活动时常受到蜜蜂大众的制约，某些重大问题甚至完全听从蜂众的安排，即便有时不大情愿，也只好委曲求全。以分蜂为例，分蜂首先得从蜜蜂积累说起。经过春季的高速繁殖，夏初群势已发展到较大规模，一般每群可达 3 万 ~ 5 万只，也就是说由一个发展中小国已发展成泱泱大国。然而，实力增强了，事务也就繁杂起来。这时，如果外界有充足的蜜粉源，蜜蜂有事可干，整日里忙忙碌碌地操劳着，情况还会好一些；反之外界没有蜜粉源时，问题必然就暴露出来。原因是蜂群强大又没那么多工作可干，巢内待业的越来越多，形成一支庞大的闲散大军；一定时间内尚可在巢内养精蓄锐，静等工作时机，如果长时间或无限期地等待下去，它们可就不干了。它们不安于现状，加之蜂王因蜂数过多导致其作用相应减弱，蜂群便开始寻找具有活力的出路和更加积极的生活方式：另辟新的生存环境，创建新的独立王国。

方向目标确定后，首先将巢脾上的雄蜂房清理干净。并诱导蜂王产入未受精卵，从而拉开了分蜂另居的序幕。培育雄蜂是实施分蜂的第一步，为未来的处女王培育候选丈夫是至关重要的。10 天以后，蜜蜂在巢脾边角部位筑造数个整齐漂亮的王台，王台的形状及大小酷似一个削平头的花生米，内底直径约 7 毫米，高度 10 ~ 12 毫米，圆滑、光洁、坚实，在蜂巢中很是显眼，蜂王产入受精卵后，经过工蜂 16 天精心哺育，羽化成处女王。正常情况下，蜂王与众蜜蜂配合得相当密切，步调一致，行动默契，可谓天衣无缝。在整个分蜂过程中，蜂王总是秉承蜜蜂大众的旨意，认真去完成每一个需要自己操作的工序，履行着特殊岗位上普通一兵的职责。但是，偶尔也有不尽如人意的现象，个别蜂王对某一环节表现出极大的不情愿，有时甚至横加干预和抵触，故意为分蜂设置重重障碍。不情愿归不情愿，但真正到行动时则不可感情用事，届时绝大多数蜂王还得以群体大众的意愿为重，服服帖帖地服务于分蜂大计。

需要说明的是，分蜂时蜂众并非只是培育一只幼王，而是需要 3 只、4 只或 5 只以上，有的甚至是 10 多只。这些发育在特殊宫殿（王台）中的幼王，其命运完全掌握在蜂众手中，需要严加保护、精心培养，不允许老王以任何借口予以加害；如果分蜂已经成功或内外因素发生变化，分蜂情绪锐减不再需要时，蜂众可随时置幼王于死地，它们协助现任蜂王毫不惋惜地从王台中将幼王拉出，连拖带拽地转运到箱外弃之原野。

蜂王有极强的妒性，平时在蜂群中是不容忍有第二只蜂王存在的，但在分蜂情况下这一特性得到强行遏制，蜂众不允许老蜂王随意伤害幼王，也不允许不同批出房的幼王间展开决斗，有些强群中分蜂情绪相当高涨，它们不甘心将原群只是一分为二，而是力图分化为三个或者更多的新群，所以也就需要 3 个或者更多的幼王。

可以说，蜂王的命运完全掌握在蜜蜂大众手中，其生活由蜂众照管，其产卵范畴由蜂众指定，其寿命长短也取决于工蜂的营养供给。对那些不需要又不受欢迎的蜂王，无论是老的还是小的均可随时处死。这一现实证实这样一个道理：蜂王的职能及作用固然重要，但在行使中绝不可为所欲为、自以为是。凡事都得讲原则，蜜蜂王国中的最高原则就是大众意愿及整体利益，任何个体都得遵守这一原则，绝不允许违背或凌驾于大众意志及整体利益之上，蜂王也不例外。蜜蜂王国实际是蜜蜂大众（包括蜂王）的天下，蜂众当家做主，是真正的主人。这是有别于其他王国的最大差别，也是其立于不败之地、保证昌盛久安的立国之本。

■ 主要参考文献

[1] 陈盛禄 . 中国蜜蜂学 [M]. 北京：中国农业出版社 . 2001.

[2] 吴杰 . 蜜蜂学 [M]. 北京：中国农业出版社 . 2012.

[3] 龚一飞，张其康 . 蜜蜂分类与进化 [M]. 福州：福建科学技术出版社 . 2000.

[4] 匡邦郁，匡海鸥 . 蜜蜂生物学 [M]. 昆明：云南科技出版社 . 2002.

[5] 曾志将 . 养蜂学 [M]. 北京：中国农业出版社，2003.

[6] 曾志将 . 蜜蜂生物学 [M]. 北京：中国农业出版社 . 2007.

[7] 宋心仿 . 蜜蜂王国探秘 [M]. 北京：农村读物出版社 . 2000.

[8] 张其康 . 蜜蜂分类与进化 [M]. 福州：福建科学技术出版社 . 2000.

[9] 彭文君 . 蜜蜂文化与人类健康 [M]. 北京：中国农业出版社 . 2014.

[10] 达旦父子公司 . 蜂箱与蜜蜂 [M]. 陈剑星，译 . 北京：中国农业出版社 . 1981.

[11] 纪天祥 . 中蜂饲养的历史与实践 [M]. 北京：中国农业出版社 . 1998.

[12] 吴杰 . 蜜蜂学 [M]. 北京：中国农业出版社 . 2012.

[13] 彭文君 . 蜜蜂文化与人类健康 [M]. 北京：中国农业出版社 . 2014.

[14] 尚玉昌 . 动物行为学 [M]. 北京大学出版社 . 2005.

[15] 哈斯巴图，薛辉 . 蜜蜂舞蹈通讯中信息表达及其启示 [J]. 赤峰学院学报 . 2012.

[16] 刘凌云，郑光美 . 普通动物学 [M]. 北京：教育出版社 . 1997.

[17] 彩万志 . 蜜蜂巢房的结构与仿生 [J]. 昆虫知识 . 2001.

[18] 陈霜 . 襄樊市建起全国第三家蜜蜂博物馆 [J]. 中国蜂业 . 2007.

[19] 高爱玲 . 一座成长中的蜜蜂博物馆 [J]. 中国蜂业 . 2013.

[20] 李林 . 以观众体验为核心的博物馆展览设计 [J]. 博物馆新论 . 2001.

[21] 黄双修 . 中国蜂业的科技殿堂 [J]. 中国蜂业 . 2011.

[22] 高爱玲 . 走近中国蜜蜂博物馆 [J]. 中国蜂业 . 2013.

[23] 李春伟 . 十年——中国养蜂学会蜜蜂博物馆暨中山蜜蜂博物馆“成长记”[J]. 中国蜂业 . 2015.

[24] 匡邦郁，匡海鸥 . 蜜蜂文化之二——阿细的先基 [J]. 养蜂科技 . 1993.

[25] 营滨 . 中国蜂业文化与艺术 [J]. 蜜蜂杂志 . 1995.

[26] 匡海鸥，赵灵芝，刘意秋 . 云南民族蜜蜂文化的调查研究——蜜蜂与民族民间文化艺术 [J]. 养蜂科技 . 1997.
[27] 匡海鸥 . 云南少数民族与“蜜蜂文化”[J]. 思想战线 . 1994.
[28] 马德风，等 . 中国农业百科全书：养蜂卷 [M]. 北京：农业出版社 . 1993.
[29] 马德风 . 养蜂六十年 [M]. 北京：北京绿海农业科技研究所编辑部 . 1996.
[30] 胥保华 . 鲁迅对养蜂业的认识 [J]. 蜜蜂杂志 . 2012.
[31] 何邦春 . 孙中山与养蜂 [J]. 蜜蜂杂志 . 2011.
[32] 陈崇羔，缭晓青 . 龚一飞教授传略 [J]. 中国养蜂 . 2005.
[33] 廖大昆 . 国外养蜂名人——齐从氏 [J]. 养蜂科技 . 1993.
[34] 房柱 . 苏东坡、苏局仙与蜂疗养生 [J]. 蜜蜂杂志 . 2012.
[35] 彭文君 . 蜜蜂文化与人类健康 [M]. 北京：中国农业出版社 . 2014.
[36] 吴杰 . 蜜蜂学 [M]. 北京：中国农业出版社 . 2012.
[37] 宋心仿 . 蜜蜂行为与精神 [M]. 上海：文汇出版社 . 1996.
[38] 王继法，王广松 . 浅谈儒家思想与蜜蜂精神 [J]. 蜜蜂杂志 . 2016.